T0233293

Digitalisierung in der Medizin

Johannes Jörg

Digitalisierung in der Medizin

Wie Gesundheits-Apps, Telemedizin, künstliche Intelligenz und Robotik das Gesundheitswesen revolutionieren

 Springer

Johannes Jörg
Klinikum Universität Witten/Herdecke
Helios-Klinikum Wuppertal
Wuppertal, Deutschland

ISBN 978-3-662-57758-5   ISBN 978-3-662-57759-2   (eBook)
https://doi.org/10.1007/978-3-662-57759-2

Die Deutsche Nationalbibliothek verzeichnet diese Publikation in der Deutschen Nationalbibliografie; detaillierte bibliografische Daten sind im Internet über http://dnb.d-nb.de abrufbar.

Fotonachweis Umschlag: © Alex Green, stock.adobe.com
Umschlaggestaltung: deblik Berlin

Springer ist ein Imprint der eingetragenen Gesellschaft Springer-Verlag GmbH, DE und ist ein Teil von Springer Nature
Die Anschrift der Gesellschaft ist: Heidelberger Platz 3, 14197 Berlin, Germany

Vorwort

Digitalisierung in der Medizin bedeutet der Einzug des Internets und bietet die Möglichkeit, Prävention, Diagnostik und Therapie effizienter und besser zu gestalten. Allerdings geht Digitalisierung auch mit Risiken für das persönliche Arzt-Patienten-Verhältnis, den Datenschutz und die noch fehlende wissenschaftliche Evidenz einher.

So ist die Wertigkeit von einer Reihe der über 14.000 Gesundheits-Apps – zum Beispiel Fitness-Apps bei der Primärprävention – unbestritten. Ähnliches gilt auch für das Telemonitoring des EKG als Sekundärprävention nach einem Herzinfarkt oder der App-basierte Rettungsdienst. Zu warnen ist aber nicht nur der Hypochonder vor Diagnose-Apps, wenn diese ohne ärztliche Begleitung eingesetzt werden. Dagegen sind Apps beim Parkinson, Diabetes, Schwindel oder Rückenschmerzen ein Versuch wert. Noch Zukunftsmusik bleiben aber Apps zur Prävention von Psychosen.

Immer mehr Gesunde und Patienten setzen Apps auch ohne ärztliche Begleitung ein. Hier gilt es, so wie bei Medikamenten zu verfahren: „Bei Auftreten von Beschwerden jeder Art oder Nebenwirkungen fragen Sie Ihren digital mündigen Arzt oder Apotheker".

Das E-Health-Gesetz vom 1.1.2016 hat die Umsetzung der Digitalisierung in die Medizin eingeleitet; die Realisierung der elektronischen Gesundheitskarte oder der elektronischen Patientenakte lässt aber in Kliniken und Arztpraxen noch auf sich warten. Mit der EU-Datenschutzgrundverordnung vom 25.5.2018 wurde der Datenschutz optimiert und das Recht auf Dateneigentum sowie das Recht auf Selbstbestimmung festgelegt.

Revolutionär hat sich die Telemedizin in der Notfallmedizin beispielsweise beim Schlaganfall entwickelt. Bei chronischen Krankheiten wird mit dem Wegfall des Fernbehandlungsverbotes die Online-Video-Sprechstunde und der telemedizinisch zwischengeschaltete Versorgungsassistent dem Patienten zu Hause nutzen und den Facharzt besonders auf dem Lande entlasten.

Die künstliche Intelligenz erlaubt dank Big Data eine statistische Diagnosefindung; mit der Bilderkennung sollte eine schnellere Tumor-Diagnostik möglich werden. Ob Robotermedizin gegen den Pflegenotstand in Altenheimen hilft, wird heftig diskutiert.

Mit dem Einzug der Digitalisierung in die medizinischen Hilfsmethoden ist nicht selten auch eine Selbstüberschätzung von Ärzten zu beobachten. Sie erkennen nicht, dass die ausführliche Anamnese- und Befund-Erhebung im persönlichen Arzt-Patienten-Kontakt nicht durch Digitalisierungserfolge ersetzbar ist.

Meiner lieben Frau Christel danke ich, dass sie mir neben den gemeinsamen musischen und gärtnerischen Interessen immer den für meine medizinische Arbeit nötigen kreativen Freiraum eingeräumt hat.

Mein Dank gilt Frau Dr. Renate Scheddin sowie Frau Dr. Anna Krätz vom Springer-Verlag für ihre Bereitschaft, dieses Buch zu realisieren. Der Projektmanagerin Frau Kerstin Barton sowie dem Lektor Dr. Claus Puhlmann danke ich für vorzügliche Arbeit sowie eine reibungslose Umsetzung im Verlag bis hin zur Drucklegung.

Wuppertal und Mönchengladbach   Johannes Jörg
im Juni 2018

Übersicht der Kasuistiken

Inhaltsverzeichnis

Abkürzungsverzeichnis

A.	Arteria
AAL,	ambient assisted living
ALS	amyotrophe Lateralsklerose
App	application: Anwendungs-Software für Mobilgeräte (Smartphone oder Tablet-PC)
BÄK	Bundesärztekammer
BCI	Brain-Computer-Interface, Gehirnschnittstelle
BGB	Bürgerliches Gesetzbuch
BMI	Brain-Machine-Interface oder Body-Mass-Index
BO	Berufsordnung
BRK	Bayrisches Rotes Kreuz
BVA	Bundesversicherungsamt
BZ	Blutzucker
CA	Chefarzt
cCT	kraniale Computertomographie
CD	Compact Disc (kompakte Scheibe)
CE	Communauté européenne
CHF	chronische Herzinsuffizienz
CPAP	continuous positive airway pressure
CRT	kardiales Resynchronisationssystem
CT	Computertomographie
DD	Differenzialdiagnose
DDC	Dopa-Decarboxylasehemmer
Defi	Defibrillator
DFKI	Deutsche Forschungszentrum für Künstliche Intelligenz
DGK	Deutsche Gesellschaft für Kardiologie
DPE	Datensatz persönlicher Erklärungen auf der eGK

DSGVO	Datenschutz-Grundverordnung
eA	elektronischer Arztbrief
EBM	Einheitlicher Bewertungsmaßstab
EDA	elektrodermale Aktivität
EDV	elektronische Datenverarbeitung
EEG	Elektroenzephalogramm
eFA	elektronische Fallakte
eGK	elektronische Gesundheitskarte
E-Health-Gesetz	Elektronisches Gesundheitsgesetz
eHBA	elektronischer Heilberufsausweis
eMP	elektronischer Medikationsplan
ePA	elektronische Patientenakte
EU-DSGVO	EU-Datenschutz-Grundverordnung
EVA	entlastender Versorgungsassistent
fMRI	funktionelle Magnetresonanztomographie
G-BA	Gemeinsamer Bundesausschuss
GfK	growth from knowledge
GG	Grundgesetz
GKK	Gesetzliche Krankenkasse
GKV	Gesetzliche Krankenversicherung
GOÄ	Gebührenordnung für Ärzte
GOP	Gebührenordnungsposition
GPS	Globales Positionsbestimmungssystem
ICD	Defibrillator
IMC	intermediate care
IQ	Intelligenzquotient
IT	Informationstechnologie
KBV	Kassenärztliche Bundesvereinigung
KG	Körpergewicht
KI	Künstliche Intelligenz
KIS	Krankenhausinformationssystem
KV	Kassenärztliche Vereinigung
LÄK	Landesärztekammer
LR	Lichtreaktion
MBO	Musterberufsordnung
ML	machine learning, maschinelles Lernen
MP	Medikationsplan
MPG	Medizinpoduktegesetz
MRT	Magnetresonanztomographie
MTA	medizinisch technische Assistentin
mVA	medizinischer Versorgungsassistent
NFD	Notfalldatensatz auf der eGK
NFDM	Notfalldatenmanagement

NRW	Nordrhein-Westfalen
NSTE-ACS	akutes Koronarsyndrom ohne ST-Hebung
NVL	nationale Versorgungsleitlinie
OA	Oberarzt
PA	Physician Assistant
PC	Personal Computer
PEP	patientennah erreichbare Portalpraxis
PIN	persönliche Identifikationsnummer
PKV	Private Krankenversicherung
PMLI	periodic limb movement index
PsychKG	Gesetz über Hilfen und Schutzmaßnahmen bei psychischen Krankheiten
QES	qualifizierte elektronische Signatur
SAB	Subarachnoidalblutung
SAS	Schlafapnoe-Syndrom
SGB	Sozialgesetzbuch
SSR	sympathetic skin response
STEMI	ST-erhobener Myokardinfarkt
SU	Stroke Unit
TAN	Transaktionsnummer
THS	tiefe Hirnstimulation
TI	Telematikinfrastruktur
TIM	Telematik in der Intensivmedizin
ÜR-SU	überregionale Stroke Unit
VSDM	Versichertenstammdatenmanagement

1

Einführung

1.1 Fallbeispiele eines elektronischen Einsatzes in den Jahren 2000, 2015 und 2030

Kasuistik 1

Verletzung des Datenschutzes mit eArztbrief (Herr R., 59 Jahre)

Im **Jahr 2000** bemerkte die Chefarztsekretärin Probleme des Leitenden Oberarztes (OA) bei der Planung des Dienstplanes. Grund war die Krankmeldung von einem der 4 Oberärzte; die Krankmeldung ließ auf einen Unfall und eine längere Fehlzeit schließen. Da bereits eine OÄ wegen Schwangerschaft vom Nachtdienst befreit war, bedeutete dies, dass jeder der beiden Oberärzte im Monat 2 Wochen Bereitschaftsdienst hätte. Es war daher die Frage, wie lange mit dem Ausfall des OA zu rechnen war.

Die Sekretärin schaute in ihrem PC nach, ob in der hiesigen Notfallambulanz sein Name als Patient vermerkt war. In wenigen Sekunden konnte sie dank der elektronischen Vernetzung den Arztbrief der Unfallchirurgie einsehen und eine Kopie dem leitenden OA zuleiten. Es handelte sich um einen Fahrradunfall mit Sturztrauma auf das Gesäß. Multiple Hämatome ohne Frakturzeichen benötigen eine mehrtägige ambulante Behandlung, sodass mit einer Wiederaufnahme der Arbeit erst in 10–12 Tagen zu rechnen war.

Diese technisch einfache, aus Datenschutzgründen aber illegale Beiziehung eines **elektronischen Arztbriefes** über einen Mitarbeiter ohne dessen Genehmigung war zur damaligen Zeit sicher nicht gängige Praxis, aber möglich und vielen Mitarbeitern nicht bekannt. Auf eine nachträgliche Information des betroffenen OA wurde verzichtet. Auch die Frage zur Ursache des Sturzes blieb offen, wohl wissend, dass besonders bei Privatversicherten in Arztbriefen Details zur Einnahme von Psychopharmaka oder Alkohol auf Wunsch des Patienten unterbleiben.

© Springer-Verlag GmbH Deutschland, ein Teil von Springer Nature 2018
J. Jörg, *Digitalisierung in der Medizin*,
https://doi.org/10.1007/978-3-662-57759-2_1

In Zeiten vor der Digitalisierung wäre die Überlassung eines Arztbriefes ohne Vorlage einer schriftlichen Einverständniserklärung des Patienten – von Notfällen abgesehen – nicht möglich gewesen.

Kasuistik 2

App für Schrittzähler und GKK-Sponsoring (Herr M., 33 Jahre)
Im **Jahr 2015** nahm Herr M., gesund, ledig, Bankangestellter, zusammen mit Freunden an einem Gymnastik- und Mobilitätskurs teil. Der Kurs fand zweimal wöchentlich in einem Sportzentrum statt und dauerte 8 Wochen.

Am Abschlusstag hat die Kursleiterin alle 8 Teilnehmer bei einem gemütlichen Beisammensein zur Fortführung eines wöchentlichen Kraft- und Koordinationstrainings motiviert, um Körpergewicht, Beweglichkeit und Koordination optimal beizubehalten. Zusätzlich riet sie dazu, einen Schrittzähler als App im Handy einzurichten, um so durch Erreichen von täglich mindestens 7000 Schritten etwas für ihre Motilität zu tun.

Herr M. hat sich für die Einrichtung eines Schrittzählers entschieden. Die tägliche Zusammenstellung seiner erreichten Schrittwerte motivierte ihn auch deshalb, weil ihm alle 24 Stunden sowie im Wochentakt die geleistete Schrittzahl, die entsprechende Kilometerstrecke und der Kalorienverbrauch angegeben werden.

Nun die Überraschung: Nach regelmäßiger Nutzung der Schrittzähler-App über 6 Monate erhält Herr M. von seiner Gesetzlichen Krankenversicherung (GKV) folgende E-Mail: „Sie haben als unser langjähriges Mitglied durch Ihre erfolgreiche regelmäßige Teilnahme an einem Fitnessprogramm und Erreichen von täglich mehr als 7000 Schritten einen wichtigen Beitrag zu ihrer körperlichen Gesundheit geleistet. Diesen sechsmonatigen Leistungsnachweis belohnen wir mit einer monatlichen Bonusleistung von 10 Euro für die nächsten 12 Monate."

Die Information der Nutzerdaten war der GKV über seine kostenlose Schrittzähler-App ohne Wissen des Teilnehmers zugegangen.

Kasuistik 3

Aktivitäts- und Videoüberwachung wegen rezidivierender manischer Phasen im Rahmen einer Zyklothymie (Herr A., 60 Jahre)
Im **Jahr 2030** erlaubt der 60 Jahre alte Dachdeckermeister A., dass sein Facharzt für Psychiatrie kontinuierlich über seine Aktivitätsdaten per App seines Smartphones informiert wird. Gemessen werden Wach- und Schlafzeiten durch Lichtsensoren, tägliche Aktivitäts- sowie Schrittzahlen, Outdoor-Aktivitäten per GPS, SMS-, WhatsApp- und Handy-Nutzungszahlen. Bei Zeichen einer motorischen, emotionalen und kognitiven Überaktivität kann sein Arzt sofort per

audiovisueller Schaltung in seinem Halsband die vermutete Diagnose und die nötige Medikation besprechen sowie einen baldigen Vorstellungstermin vereinbaren.

Mit dieser Technik kann Herr A. deutlich früher vor Rezidiven der maniformen Psychose im Rahmen seiner Zyklothymie geschützt werden. Bis 2025 hatte Herr A. trotz Warnungen seiner Ehefrau in Phasen mit „angenehm gesteigerter Leistungsfähigkeit" sogar manchmal noch die Dauermedikation abgesetzt. Und dies, obwohl die Ehefrau ihn auf diese Frühzeichen der exazerbierenden maniformen Psychose mehrfach hingewiesen hatte. Typische Zeichen waren bei ihm inadäquater Kauf- und Bewegungsdrang, Logorrhö, ungezügeltes Geld ausgeben oder Rechtsüberholen auf der Autobahn.

1.2 Digitalisierung heute

Die Digitalisierung ist in der Medizin in aller Munde, egal ob es um den Transfer von Gesundheitsdaten durch Telemonitoring, Telemedizin bei Notfällen oder die Online-Videosprechstunde geht. „Die Kommunikation via Computer, ob mit oder ohne Video, schränkt unsere Kapazität, Gefühle des Gegenübers zu lesen, aber drastisch ein" (Gelernter 2015). Dies gilt insbesondere für solche Ärzte, die bei ihrer Arbeit mit Patienten auf Kommunikation mit Mimik, Körpersprache, seelisches Empfinden und alle Sinneswahrnehmungen angewiesen sind. Trotzdem machen der zunehmende Mangel an Fach- und Allgemeinärzten insbesondere in ländlichen Gebieten sowie die Digitalisierung in allen Lebensbereichen ein Umdenken im ärztlichen Handeln nötig.

Die Digitalisierung, also die Arbeit mit digitalen Daten im Internet, bietet viele Möglichkeiten, Prozesse in der Diagnostik, Therapie und Rehabilitation effizienter, ja besser zu gestalten und Kosten zu sparen; sie gehen aber auch mit Risiken im Datenschutz und Verlust von Privatsphäre einher. Telemedizinische Techniken können über Mobilfunk- oder Internetverbindungen den Gesundheitszustand kontrollieren, sie helfen im Notfall oder ersparen chronisch Kranken durch den Check-up von zu Hause aus häufige Arztbesuche. Ärzte werden in Zukunft nicht nur Medikamente, sondern auch Gesundheits- und Krankheits-Apps verordnen (Kuhn 2018).

E-Health-Gesetz Am 1. Januar 2016 ist das Gesetz für sichere digitale Kommunikation und Anwendungen im Gesundheitswesen, kurz E-Health-Gesetz, in Kraft getreten. Mit dem Gesetz sind bis zum 31. Dezember 2018 alle Arztpraxen, Kliniken und Apotheken an eine Telematikinfrastruktur (TI) angeschlossen. Dabei haben Patientennutzen und Datenschutz bei jedem Transfer von Gesundheitsdaten im Mittelpunkt zu stehen. So können ab 2018 alle Patienten ihre medizinischen Notfalldaten und Medikationspläne auf ihrer elektronischen Gesundheitskarte (eGK) oder einer speziellen App speichern lassen. Ärzte in Praxis und Klinik, die Arztbriefe sicher elektronisch übermitteln, erhalten einen Zuschlag. Seit 1. April 2017 werden auch einzelne telemedizinische Leistungen vergütet, dies gilt insbesondere für Online-Sprechstunden sowie teleradiologische Konsile bei der Befundung von Röntgen-, CT- oder MRT-Aufnahmen (Schumacher 2015; Heinrich 2017; Details: www.bundesgesund-heits-ministerium.de). Im Mai 2018 hat die Bundesärztekammer (BÄK) auch eine Öffnung des ausschließlichen Fernbehandlungsverbots (§ 7 Abs. 4 Musterberufsordnung [MBO]) beschlossen (Dtsch Ärztebl 2018).

Elektronische Krankenakte Das E-Health-Gesetz berücksichtigt nicht, dass Klinikärzte mit der elektronischen Krankenakte nicht mehr die persönliche Endkontrolle über alle angeforderten Arztbriefe haben (siehe hierzu Kasuistik 1, Abschn. 1.1). Trotz Einsatz des elektronischen Heilberufsausweises (eHBA) und der qualifizierten elektronischen Signatur kann die Einhaltung ethischer Grundsätze wie Schweigepflicht, Datenschutz und Fürsorgepflicht gefährdet sein. Gerade in Notfällen besteht die Gefahr, dass der Datenschutz zugunsten einer optimalen Information und Qualitätskontrolle unberücksichtigt bleibt. Diese Sorge muss auch für Daten in elektronischen Netzwerken über den Tod hinaus gelten und erfordert für alle patienten- oder fallbezogenen Daten streng unterschiedliche Zugangsberechtigte (Hildebrand 2016).

Elektronische Hilfen Mehr als jeder zweite Bundesbürger informiert sich im World Wide Web über gesundheitliche Aspekte (Erdogan 2016). In 10 Jahren dürften 150 Milliarden vernetzte Messsensoren im Einsatz sein (Helbing et al. 2016). Elektronische Hilfen haben die IT-Konzerne in den letzten Jahren im Gesundheitsmarkt als Sensoren, Smartphone-Apps, Wearables, Datenbrillen oder Fitnessarmbänder etabliert. Sie sind in der Mehrzahl als Fortschritt anzusehen, dafür zeugen viele Beispiele an Gesunden und Patienten (Kap. 2).

43 % der Ärzte erwarten, dass Apps in den nächsten Jahren auch Eingang in die Leitlinien und in die Versorgung finden werden, obgleich das bis Mai 2018 bestehende Fernbehandlungsverbot, fehlende Infrastruktur und skeptische Ärzte die Etablierung als Regelversorgung noch verzögern (Nelles 2016; Dtsch Ärztebl 2018).

Elektronische Netzwerke Elektronische Netzwerke dienen zur Weiterleitung von radiologischen und elektrophysiologischen Befunden; in Zukunft werden Datenübertragungen – Telemonitoring – bei der digitalen Gesundheitsüberwachung, der Ausweitung der Zweitmeinung und in der Notfallmedizin noch zunehmen. Die Trends der nächsten 5–10 Jahre werden Telemedizin, Neurofeedback und Monitoring sein (Langemak 2017). Dabei werden aber die genuinen ärztlichen Aufgaben auch im digitalen Zeitalter die gleichen bleiben.

Telemedizin Die Telematik ist eine Technik, welche die Bereiche Telekommunikation und Informatik verknüpft. Telemedizin – ein Teilbereich der Telematik – ermöglicht es, unter Einsatz audiovisueller Kommunikationstechniken trotz räumlicher Trennung diagnostische oder medizinische Dienste – gegebenenfalls auch zeitlich versetzt – anzubieten. Die telemedizinische Mituntersuchung von Personen – gegebenenfalls kombiniert mit laborchemischen oder elektrophysiologischen Daten – hat das Versuchsstadium längst überschritten. Radiologische Telekonsile oder Online-Videosprechstunden zur Verlaufsbeobachtung chronischer Krankheiten, zum Einholen ärztlicher Zweitmeinungen, zur Rezeptausstellung oder zum Befundaustausch sind Beispiele für Anwendungen, bei denen sich Telemedizin bewährt hat (Jörg 2018). Eine Ablehnung wäre nur dann gerechtfertigt, wenn der Patientennutzen nicht mehr Hauptgrund dieses Einsatzes ist.

Telemedizinische Konsile sind in Deutschland auf kardiologischem, neurologischem und dermatologischem Gebiet zunehmend im Einsatz. Teleradiologische Konsile sind seit Jahren in der Akutversorgung von Patienten nach Schlaganfall etabliert, Televideokonferenzen bei der Behandlung eines Schlaganfallpatienten in vielen neurologisch-neuroradiologisch unterversorgten Kliniken nicht mehr wegzudenken (Kap. 3). Bei der Versorgung von chronisch Kranken bieten Telemedizin und andere internetbasierte Techniken viele Möglichkeiten. Die nächsten Jahre werden zeigen, ob die audiovisuelle Telemedizin für eine bessere Kommunikation unter Ärzten und für eine erhöhte Versorgungsgerechtigkeit, insbesondere der Landbevölkerung, sorgen kann.

Fernbehandlungsverbot Ohne Telemedizin wird eine bezahlbare, gute regionale Versorgung kaum noch möglich sein, wenn ärztliche Spezialisten vor Ort fehlen. Das ausschließliche Fernbehandlungsverbot nach § 7 Abs. 4 MBO ist daher zurecht im Mai 2018 von der BÄK geöffnet worden. Damit können Patienten ausschließlich über elektronische

Kommunikationsmedien wie Skype beraten oder behandelt werden, wenn dies im Einzelfall ärztlich vertretbar ist.

Nichtärztliche Assistenten Zu diskutieren ist, ob sich insbesondere in ländlichen Regionen mit unzureichender fachärztlicher und allgemeinärztlicher häuslicher Versorgung die telemedizinische Visite unter lokaler Führung eines nichtärztlichen Assistenten etablieren wird. Hier könnte ein neuer medizinischer Assistenzberuf mit Bachelorabschluss einmal ärztliche Aufgaben übernehmen wie Visiten in Alten- und Pflegeheimen, Rezepte schreiben, Geben von Injektionen und Infusionen, Verlaufsuntersuchungen im häuslichen Bereich, Verordnung diagnostischer Schritte nach Absprache etc.

1.3   Digitalisierung in Zukunft

Künstliche Intelligenz Die Künstliche Intelligenz (KI) verspricht schnellere Diagnosen und maßgeschneiderte Therapien. Der Roboter der Zukunft kann als Hochpräzisionsroboter zu besseren Operationsergebnissen beitragen. Wichtiger aber dürfte der Robotereinsatz in der Altenpflege und Rehabilitation sein (Kap. 4).

Online-Medizin Mit der globalen Digitalisierung sowie der Tele- und Robotermedizin hat ein neues Zeitalter der Online-Medizin begonnen, das Ärzten und Patienten große Vorteile versprechen kann, allerdings auch wegen der geringeren oder fehlenden persönlichen Kommunikation mit Gefahren verbunden ist. Dies ist besonders dann zu befürchten, wenn in naher Zukunft *Neurodaten* nicht nur den Grad der Wachheit- und Aufmerksamkeit, die motorische und geistige Aktivität erfassen, sondern möglicherweise auch Aussagen über Gedanken, Emotionen, Veranlagung für geistige und körperliche Krankheiten liefern können (Weissenberg-Eibl 2015). Alleine dieses Szenario muss Angst vor absoluter Transparenz und Gegenmaßnahmen auslösen, insbesondere wenn der Datenschutz wie in den USA verwässert betrieben wird (Keese 2014).

In den folgenden 3 Kapiteln zeige ich anhand von Kasuistiken – persönlich erlebt, in Einzelfällen auch spekulativ erweitert – die bestehenden Einsatzmöglichkeiten, Gefahren und Zukunftsmodelle der Digitalisierung im Gesundheitswesen, der Tele- sowie Robotermedizin auf. Im fünften Kapitel werden Folgen und Zukunftsvisionen der digitalen Vernetzung, die Gefahren des Verlernens des selbstständigen Denkens und die Technologiegläubigkeit diskutiert (Schirrmacher 2009). Dabei werde ich den Segen, aber auch Fluch der Online-Medizin beleuchten, wenn sie mit einem „gläsernen", ja oft „angeseilten", also Online-Patienten einhergeht. Zur Abwehr dieser Gefahren ist vom Gesetzgeber zumindest das Recht auf Kopie, besser aber das Recht auf Dateneigentum zusammen mit dem Verbot von unerlaubten persönlichen Datensammlungen zu fordern.

Literatur

Dtsch Ärztebl (2018) Öffnung des Fernbehandlungsverbots. Dtsch Ärztebl 115(7):C230

Erdogan B (2016) „Dr.Google hat jetzt Zeit für Sie!" – Aufbruch in die digitale Medizin? Rhein Ärztebl 3:12–14

Gelernter D (2015) Die schleichende Digitalisierung des Ich. Rotary Magazin 9:49–51

Helbing D, Frey BS, Gigerenzer G et al (2016) DIGITAL-MANIFEST (I). Digitale Demokratie statt Datendiktatur. Spektrum der Wissenschaft 1:51–58 www.spektrum.de

Heinrich C (2017) Treffen im virtuellen Sprechzimmer. Die Zeit 22:33

Hildebrand R (2016) hmanage Newsletter 488

Jörg J (2018) Wie revolutioniert die Digitalisierung die Medizin? Vortrag beim Rotary Club Wuppertal-Haspel in Wuppertal am 20. Februar 2018

Keese C (2014) Silicon valley. Penguin, München

Kuhn S (2018) Medizin im digitalen Zeitalter. Transformation durch Bildung. Dtsch Ärztebl 115(14):C552–C555

Langemak S (2017) Forum neurologicum der DGN. Akt Neurol 44:126

Nelles G (2016) Online-Neurologie – Helfen Telemedizin, Apps & Co. wirklich? Referat auf dem 89. DGN-Kongress. Akt Neurol 43:391

Schirrmacher F (2009) Payback. Blessing, München

Schuhmacher H (2015) Rhein Ärztebl 7:22

Weissenberg-Eibl M A (2015) Technologien zur Selbstoptimierung. Rotary Magazin 9:36–39

2

Elektronische Vernetzung (Apps, Sensoren) und Telemonitoring

Unter *Digitalisierung* versteht man den gesamten Vorgang von der Erfassung und Aufbereitung bis zur Speicherung von *analogen* Informationen auf einem *digitalen* Speichermedium, beispielsweise einer CD oder einem USB-Stick. Der Beginn des digitalen Zeitalters wird von Dörr für das Jahr 2002 vermutet, da zu diesem Zeitpunkt die Menschheit Informationen erstmals mehr digital als analog gespeichert hat (Dörr 2000). In Zukunft wird alles, was sich digitalisieren lässt, auch digitalisiert werden (www.neuland.digital).

Mit der Digitalisierung kommt es über das Internet zu einer stärkeren Vernetzung der Patientenversorgung, und es wird ein schnellerer Austausch von großen Datenmengen möglich. Patienten und Ärzte profitieren vom schnelleren Austausch zwischen Notfallmedizinern, Fachärzten, Hausärzten und Apothekern. Schnellere Diagnosen, mehr gerettete Menschenleben und eine ursachenbezogene Therapie sind das Ziel vieler Projekte von Forschungseinrichtungen und Unternehmen im Bereich der digitalen Medizin.

Voraussetzung für den Nutzen der Digitalisierung ist aber, dass sich die neuen technischen Möglichkeiten ohne Reibungsverluste in die Arbeitsabläufe einfügen lassen und dies nicht zulasten der Schweigepflicht mit Zweckentfremdung der Daten geht. Digitalisierung soll dem Arzt wieder mehr Zeit bei der unmittelbaren Patientenversorgung verschaffen und nicht zu einer Entfremdung des Arzt-Patienten-Kontaktes führen.

© Springer-Verlag GmbH Deutschland, ein Teil von Springer Nature 2018
J. Jörg, *Digitalisierung in der Medizin*,
https://doi.org/10.1007/978-3-662-57759-2_2

2.1   Istzustand der elektronischen Vernetzung

Internet Digitalisierung bedeutet Umgang mit digitalen Daten im Internet. Schon im Jahre 2015 informierten sich im Internet über 60 % der Bundesbürger über die verschiedensten Gesundheitsaspekte (Erdogan 2016).

Mittlerweile sind die wichtigsten *Webtipps für Patienten*:

- Übersichten zu Krankheitsbildern: www.gesundheitsinformation.de (IQWIG)
- Übersicht zu Krankheiten und Patientenleitlinien: www.patienten-information.de
- Evidenzbasierte Leitlinien: www.awmf.org/leitlinien/patienteninformation.html
- Infos zu Infektionskrankheiten und Impfen: www.rki.de oder www.pei.de
- Infos zu Krebsarten: www.krebsinformationsdienst.de oder www.washabich.de

Die Journalistin Ulla Weidenfeld (2015) empfiehlt beim Suchen nach Informationen zu Krankheiten, Medikamenten oder Ärzten folgende *Gesundheitswebseiten*:

- www.gutepillen-schlechtepillen.de
- www.gesundheitsinformation.de
- www.apotheken-umschau.de
- www.fragdenprofessor.de

Ihre positive Bewertung begründet sich sowohl auf den Inhalt als auch auf den Betreiber und die Finanzierung der Seiten. Um selbstbestimmter mit Krankheiten umzugehen, empfiehlt sich auch www.hilfefuermich.de

Gesundheits-Apps In der Präventionsmedizin wird die digitale Zukunft geprägt von sogenannten „beobachtenden" Applikationen (App). Gesundheits-Apps finden sich auf Smartphones, Smartwatches, Tablets oder PCs. Unter den 3 Millionen Apps gab es im Jahre 2015 rund 87.000 Angebote im Bereich Fitness und Wellness sowie 55.000 medizinische Apps (Jacobs 2015). Das Angebot steigt jährlich, so wurden 2017 bereits über 100.000 Gesundheits-Apps erfasst. Um im intransparenten Markt die gewünschte App auch zu finden und ob diese App dann auch vertrauenswürdig und sicher in der Anwendung ist, dazu dient die Plattform HealthOn e. V. (www.healthon.de).

Nach Albrecht (2018) benutzen heute bereits 27 % auf ihrem Smartphone Gesundheits-Apps, die ausschließlich Körper- und Fitnessdaten, wie zum

Beispiel Herzfrequenz, Blutdruck oder gegangene Schritte, aufzeichnen. Dabei sind *Fitnessarmbänder* und *Smartwatches*, die Schritte, Herzfrequenz, Körpertemperatur oder Kalorien zählen, in der Medizin nicht immer sinnvoll. Der Markt der Gesundheits-Apps mit einer Zahl von über 165.000 ist immer noch intransparent (Draeger 2016). So liegen Apps, die aus Symptomen eine Diagnose ableiten, in nur einem Drittel der Fälle richtig. Dagegen gibt es für das Therapiemanagement, beispielsweise zur Tabletteneinnahmeerinnerung oder zu Wechselwirkungen, schon viele nützliche Apps. Insgesamt sind mittlerweile zwischen 1000 und 3000 Apps für die Kommunikation von Arzt und Patient sowie Diagnose und Therapie brauchbar.

Es gibt digitale Geräte, die bisher nur Arztsache waren, so beispielsweise Blutzuckermessgeräte, Pulsoxymeter oder ein Mini-EKG in der Größe einer Streichholzschachtel, das per Bluetooth aufgerufen wird und für chronisch Herzkranke eine wichtige Stütze sein kann (Abschn. 2.1.2 unter „Medizinische Hilfen"). Diese digitalen Hilfen bedeuten natürlich nicht, dass die Digitalisierung jede menschliche Hilfe ersetzen kann. Diese Produkte können aber Patienten und Ärzten das Leben erleichtern und die Rolle der Patienten in der Therapie weiter stärken.

Sensoren mit Gesundheits-Apps sowie tragbare Messgeräte (Wearables, das heißt Kleinstcomputer) sind in der Lage, Prävention und Therapie von Krankheiten zu revolutionieren.

Wearables sind Fitnessarmbänder mit kleinen, meist am Arm zu tragenden Computern. Sie messen neben der Zeit viele Körperfunktionen, protokollieren Fitnesseinheiten und bieten Hilfen im Alltag an. Man unterscheidet bei diesen intelligenten Armbändern 3 Gruppen:

1. Fitness-Tracker: Hier geht es um Sport, zählen von Schritten und Kilometern. Einige Fitness-Tracker haben auch GPS-Sensoren.
2. Sportuhren: Sie bieten detailliertere Trainingsanalysen; Wetteranzeige und Musikwiedergabe sind auch möglich.
3. Smartwatches: Neben der Uhr haben sie Sensoren, die Bewegung, Puls und Standort registrieren können. Zu den weiteren Funktionen zählen Telefonieren, SMS-Schreiben, Abrufen von E-Mails.

Sensoren Sie erheben eine Vielzahl von Körperdaten wie Bewegungsaktivität, Puls oder Ernährungsgewohnheiten. Diese Körperdaten werden meist über den Nahfunkstandard Bluetooth oder USB-Kabel auf das Smartphone, Tablet, Laptop oder PC übertragen, wo sie dann in diversen Gesundheits- und Fitness-Apps gesammelt und analysiert werden. Alle Daten können auf dem Smartphone oder PC gespeichert oder über das Mobilfunknetz an große Datenbanken – die jeweiligen Cloudspeicher der Konzerne Google oder Apple – übertragen werden (Rosenbach et al. 2015).

Smartwatches Smartwatches sind Uhren, die wie Smartphones das Betriebssystem Android verwenden. Neben der Uhr haben sie Sensoren, die Bewegung, Puls und Standort registrieren können. Bekommt man eine E-Mail, kann man schneller als beim Smartphone mit einem Blick seine Wichtigkeit erkennen. Eine Smartwatch hat auch die Funktion eines Assistenten: Man kann Einkaufslisten diktieren, die aufpoppen, wenn man den Supermarkt betritt. Diktiert man die Nummer seines Parkplatzes, wird man bei der Rückkehr daran erinnert. Die Messung der Pulsfrequenz und der Bewegung erlaubt Rückschlüsse, ob man gestresst ist, schläft oder Sport treibt.

Der Umsatz für Smartwatches, Datenbrillen und Aktivitätstracker liegt in Deutschland im Jahr 2017 bei 11 Milliarden Euro; allein 2015 wurden nach Angaben der Gesellschaft für Konsumforschung 645.000 Smartwatches verkauft (Krüger-Brand 2015a). Die meisten Apps dienen nicht der Therapie, sondern der Gesundheitsoptimierung; Zielgruppe sind junge und gesunde Personen.

Wissenschaftliche Evidenz Mehr als 14.000 deutschsprachige Gesundheit-Apps werden in der Prävention eingesetzt; es fehlt aber noch immer deren wissenschaftliche Evidenz. Auch mangelt es an der Unterstützung der App-Hersteller, wenn es um Datenschutz, Schutz der Privatsphäre, Kontrolle und Autonomie der Daten und Aussagen zu den Finanzierungsquellen der App geht. Nur wenige Gesundheits-App sind CE-zertifiziert; aber auch die CE-Kennzeichnung ist kein Nutzennachweis.

Medizinprodukt Eine App oder eine Software gilt als Medizinprodukt, wenn sie einen diagnostischen oder therapeutischen Ansatz verfolgt. Mit der EU-Medizinprodukte-Klassifizierung kommt ab 2020 auch Software hinzu, die eine Prognose abgibt. Von allen Gesundheits-Apps mit deutscher

App-Beschreibung geben weniger als 40 eine CE-Kennzeichnung an. Grund dafür dürften die hohen Kosten für eine initiale CE-Zertifizierung sein.

> Bei kostenfreien Apps zahlt der Anwender meist mit seinen Daten. Anwender sollten daher vor der Anwendung von Gesundheits-Apps auf die Herkunftsangabe (Impressum) und eine Datenschutzerklärung achten (Krüger-Brand 2017a).

Der *Datenmissbrauch* und die *Fehleranfälligkeit* von Fitness-Trackern, Sensoren und Gesundheits-Apps werden zu wenig beachtet. Schrittzähler können schon durch Tischabwischen irritiert werden und verfälschte Ergebnisse liefern (Steinmetz 2016). Kleinschrittiges Gehen erfassen manche Schrittzähler nur teilweise. Kalorienverbrauchswerte sind logischerweise nur Schätzwerte. Manche Armbänder weichen bis zu 25 Herzschläge von Vergleichswerten ab. Der 120. Deutsche Ärztetag hat daher eine staatliche Zertifizierung von Gesundheits-Apps gefordert; diese umfassende behördliche Genehmigung hält der frühere Gesundheitsminister Gröhe aber für nicht umsetzbar (Maybaum 2017).

Diese Qualitätslücke müssen die medizinischen Fachgesellschaften ausfüllen. So hat die Arbeitsgemeinschaft *Dia-Digital* die ersten 4 diabetesbezogenen Apps zertifiziert. Ein Zertifikat erhielten 2 Diabetestagebücher und 2 Apps zur Therapieunterstützung (www.diadigital.de). Die deutsche Gesellschaft für Innere Medizin koordiniert derzeit einen Konsensusprozess mit dem Ziel, „basale Gütekriterien für die Gestaltung einer App" zu definieren und Methoden für deren inhaltliche Evaluation zu erarbeiten (Albrecht 2018).

Datenschutz Viele Internetnutzer kümmern sich selbst in Gesundheitsfragen nicht um ihren Datenschutz, insbesondere ob Krankenkassen oder Versicherungen indirekten Zugriff auf ihre persönlichen Daten haben.

> Gesundheits-Apps teilen häufig ohne das Wissen des Nutzers ihre Daten mit Dritten (Bork et al. 2018). Dabei sind Gesundheitsdaten besonders schützenswert und kein Anreiz einer Versicherung sollte es wert sein, sie zu verkaufen.

Die Gefahr des Datenmissbrauchs ist aber für Gesundheitsdaten besonders groß. Zahlreiche Autoren fordern daher, dass alle Apps, die in Diagnostik oder Therapie eingreifen, in Deutschland als Medizinprodukte klassifiziert und zugelassen werden müssen (Bork et al. 2018).

Die Anwendung der Gesundheits-Apps und des Telemonitoring erfolgt mit großem Erfolg nicht nur in der Prävention (Abschn. 2.1.1), sondern auch in Arztpraxen und Kliniken (Abschn. 2.1.2). Apps können als organisatorische Hilfen beispielsweise bei der elektronischen Fallakte (eFA) und medizinische Hilfen beim Telemonitoring sein (Abschn. 2.1.2 unter „Medizinische Hilfen"). Besonders wichtig ist ihr Einsatz in der Notfallmedizin (Abschn. 2.1.3). Grenzen zu Zukunftsmodellen sind in der Literatur nicht immer klar erkennbar, im Zweifelsfalle werden mögliche Neuentwicklungen ohne Studienerfahrung im Abschn. 2.2 vorgestellt.

2.1.1 Prävention

2.1.1.1 Prävention für Gesunde

Fitness-Apps Etwa ein Drittel der Erwachsenen in Deutschland messen ihre Gesundheitsdaten mit Fitness-Apps von Apple, Google, Garmin oder Runtastic. Fitness-Apps erfassen Bewegung wie Schritte, Kalorienverbrauch, Pulsfrequenz, Atemfrequenz oder Schlafdauer. Sie laufen auf Handys, in Armbändern oder Smartwatches. Bei vielen Menschen steigern die Apps die Bewegungsmotivation. Die Warnung vor einer Welle der Hypochondrie als Folge fehlerhafter oder einfach zu vieler Gesundheitsdaten mit einem permanenten Kontrollmodus hat sich bisher nicht bestätigt.

Fitnessarmbänder regen sicher zu verstärkter Bewegung an, was zur Reduktion von späteren Herz-Kreislauf-Erkrankungen führen dürfte. Umgekehrt könnte theoretisch gedacht die vermehrte Bewegung aber am Ende des Lebens zu mehr Hüftoperationen beitragen.

Pulsmesser am Handgelenk sind eine gute Methode, um indirekt den Schlaf zu messen. Einmal pro Woche schickt die App *Fitbit* eine E-Mail mit Statistiken über den aktivsten Tag, die längste Nacht und die verbrannten Kalorien (Reismann 2015).

Datenschützer vermuten, dass Gesundheitsdaten über Bewegungsprofile und Kalorienverbrauch häufig an Dritte übermittelt werden, da viele Apps keine Datenschutzerklärung haben. Interessenten könnten Versicherungen, Krankenkassen (siehe Kasuistik 2, Abschn. 1.1) oder die Pharmaindustrie sein, um Risikoprofile zu erstellen (Ebert 2016; Schmundt 2017).

Kasuistik 4

Adipositas und arterielle Hypertonie vor und unter Einsatz eines 24-Stunden-Schrittzählers sowie Puls- und Blutdruckmessers (Frau H., 66 Jahre)
Frau H. ist als selbstständige Steuerberaterin tätig und hat in den letzten 10 Jahren ein Körpergewicht von 130 kg bei 170 cm Körpergröße erreicht. Der Hausarzt hat erwartungsgemäß einen erhöhten Bluthochdruck bei alimentärer Adipositas festgestellt. Für die Zukunft hat er sie vor einem Altersdiabetes mellitus sowie Hüft- und Kniegelenkarthrosen gewarnt. Mehrfache Versuche zur Gewichtsreduktion sind trotz verschiedenster Diäten letztlich bisher alle erfolglos geblieben.

Frau H. sucht 2014 die Beratung bei den Weight Watchers. Diese empfehlen ihr unter anderem das regelmäßige Tragen eines Fitnessarmbands zur Messung der täglichen Schrittzahlen, Pulsfrequenz und Blutdruck. In 6 Monaten verliert sie 30 kg Körpergewicht, und der Blutdruck hat sich wieder auf Tageswerte von maximal 135/80 mmHg eingependelt.

Bei einem späteren Besuch begleitet sie mich im Gegensatz zu den übrigen Begleitpersonen beim Treppengehen mit der Begründung: „Ich habe mein Tagesschrittzahlsoll von 10.000 Schritten als Schutz vor einer erneuten Gewichtszunahme noch nicht erfüllt. Daher nehme ich die Treppe statt den Aufzug."

Schrittzähler Sie ermitteln fortlaufend die erreichte Schrittzahl/Tag, erstellen 24-Stunden-Diagramme und vermitteln schon nach wenigen Tagen dem Träger, wann er wenig oder ausreichend viel Bewegungsaktivität geleistet hat. Wird das Ergebnis beispielsweise von der App *Samsung Health* auch noch in den täglichen Kalorienverbrauch umgerechnet, ist für jeden Träger eine Motivierung zur täglichen körperlichen Bewegung und Gewichtskontrolle spürbar. Viele Personen bewegen sich schon deshalb mehr, weil der Schrittzähler mitläuft (Graf et al. 2015).

Gesundheits-App der verschiedensten Anbieter haben Sensoren auch für Puls, Blutzucker und Oxymetrie. Ihr Einsatz bei Gesunden ist derzeit in der Mehrzahl ohne ärztliche Begleitung fragwürdig.

Mimi-App Zur Prävention von Hörschäden eignet sich die *Mimi-App*, die als Hörtest-App von der Barmer in Kooperation mit der Mimi Hearing Technologies GmbH entwickelt wurde (Straub 2017). Man kann damit das eigene Hörvermögen in allen Frequenzbereichen bestimmen und anhand des eigenen Audiogrammes ein persönliches Frequenzprofil erstellen. Damit sensibilisiert diese App die heutige Jugend mit ihrer besonders starken Exposition von lauter Musik für Hörschädigungen.

EKG-Geräte Mobile EKG-Geräte gibt es seit einigen Jahren. Mit dem Smartphone-EKG (System CardioSecur) besteht die Möglichkeit für Gesunde, dass nicht nur Unregelmäßigkeiten des Herzschlags erfasst werden, sondern auch eine Minderdurchblutung festgestellt werden kann. 4 Elektroden werden am Körper befestigt und leiten die Herzströme an das mobile Gerät weiter. Das Smartphone-EKG ist auch zu Hause nach einem Klinikaufenthalt zu nutzen. Manche Ärzte setzen es als zertifiziertes Medizinprodukt auf dem Tablet-PC im Krankenhaus für mehrere Patienten ein.

Das Smartphone-EKG *CardioSecur* kann ebenso wie das Antistressarmband seinen Benutzer warnen, wenn er glaubt, dass es „gefährlich" wird. So kann der Benutzer bei beunruhigenden Symptomen am Herzen selbst eine Messung anlegen. Mit dieser App-Technik können gestörter Herzrhythmus oder die ST-Zeichen einer Angina pectoris aufgezeichnet und über das Smartphone zum Arzt geleitet werden.

Messung der Basaltemperatur Ein Ovularing zur Messung der Basaltemperatur ist ein Ring aus Kunststoff mit integriertem Temperatursensor, der alle 5 Minuten die Körperkerntemperatur misst. Der Messring wird von der Patientin vaginal eingeführt. Nach der Entnahme können die Temperaturdaten am PC mit einem speziellen Lesegerät ausgelesen werden. Anhand der gemessenen Veränderungen der Körpertemperatur werden die fruchtbaren und unfruchtbaren Zyklusphasen errechnet (weitere Infos unter www.ovularing.com). Genau 3,79 Monate brauchen Trägerinnen eines Ovularings angeblich, um schwanger zu werden.

Krankenversicherung Die AOK Nordost kooperiert seit 2012 mit der Gesundheitsplattform *Dacadoo*; sie hat als erste gesetzliche Krankenversicherung den Kauf eines Fitnessarmbandes oder einer *Apple Watch* mit einem Bonus bis 50 € belohnt (Rosenbach et al. 2015) (siehe Kasuistik 2, Abschn. 1.1). In die Messwerte fließen Körperdaten (Gewicht, Größe, Alter, Erkrankungen), Emotionen (Lebensqualität, Zufriedenheit) und Aktivitäten (Bewegung, Ernährung, Stress, Schlaf) ein. Die AOK Nordost selbst erhält aber angeblich keine individuellen Daten (Seel 2015). Grund für eine Honorierung ist die Tatsache, dass mehr Bewegung mit einem gesünderen Leben einhergeht und gesunde Versicherte damit auch „günstige" Versicherte sind.

Die Barmer GEK hat die App *Fit2Go* seit 2014 im Programm. Will man am Prämienprogramm der Kasse teilnehmen, muss man sich an mindestens 20 von 42 Tagen mindestens 30 Minuten bewegen (Seel 2015).

Bonusleistungen durch gesetzliche oder private Krankenkassen hält das Bundesversicherungsamt (BVA) für gerechtfertigt, wenn die Gesundheitsdaten von Fitness-Trackern nicht in die Hände der Krankenkassen gelangen.

> Bewegungsdaten sind „nicht für die Aufgabenerfüllung von Krankenkassen geeignet" (Hillienhof 2016a), und eine solche Nutzung ist auch datenschutzrechtlich unzulässig.

Nach Aussage der Allianz sammelt die Allianz keine Fitnessdaten ihrer Kunden, da sie den Versicherten gehören (Berheide 2015).

2.1.1.2 Prävention für Kranke

Diagnose-Apps Diagnose-Apps wie Ada-Health sollen dazu dienen, ohne ärztliche Hilfe schnelle und sichere Diagnosen zu stellen. Digitale Diagnoseformate versprechen viel, an erster Stelle der Anbieter Babylon Health.

> Die diagnostische Treffsicherheit von Diagnose-Apps liegt in seriösen Studien mit 34 % gegenüber 72 % der teilnehmenden Ärzte so niedrig, dass man als Gesunder oder Patient im eigenen Interesse ganz darauf verzichten sollte (Merz et al. 2018).

Die Frage bleibt, ob die Anwendung solcher Diagnose-Apps die Patienten gesundheitskompetenter machen oder ob sie zumindest zur Vorbereitung des Arztbesuches hilfreich sind. Eine Alternative zum Arztbesuch stellen sie sicher nicht dar (siehe hierzu Abschn. 4.1).

Memory-Apps Auf dem Smartphone oder Tablett gibt es Memory-Apps für Kinder und Erwachsene, die altersgerecht die Erinnerungsfunktion zur Medikamenteneinnahme wahrnehmen. Dabei erfolgt die Eingabe der Zeiten für die Medikamenteneinnahme als Weckzeiten oder zur Erinnerung.

Überwachung Die Überwachung von Patienten mit Risikofaktoren für Notfälle (unter anderem Stürze) erfolgt mit dem Konzept des *Ambient assisted living* (AAL) (Bein et al. 2017). Dabei wird die Wohnung entweder mit Sensoren, Mikrophonen oder Bewegungsmeldern ausgestattet, um eine 24-Stunden-Überwachung zu realisieren. Relevante Zwischenfälle wie Stürze meldet das System mithilfe von Lifestyle- und Gesundheits-Apps dann per WLAN oder Telefon an den Pflegedienst oder die Rettungsleitstelle.

Herzinfarkt Für die Sekundärprävention nach einem Herzinfarkt eignen sich Schrittzähler, da *körperliche Inaktivität* ein wichtiger modifizierbarer Risikofaktor nach einem abgelaufenen Herzinfarkt ist. So kam es bei Patienten nach mindestens sechsmonatiger Dokumentation der Schrittzahlen zu einer signifikanten Zunahme der Schrittzahlen. War die Zunahme der Schrittzahlen über 30 %, fanden sich auch stärkere Verbesserungen vom LDL-Cholesterin und dem Body-Mass-Index (Wienbergen 2016).

In den USA ist das Gerät *Tricorder* bei kardiovaskulär Kranken weit verbreitet. Es kann mittels einfach handhabbarer Körpersensoren Blutdruck, Pulsfrequenz und Sauerstoffsättigung aufnehmen und die Ergebnisse auf Wunsch per Smartphone dem behandelnden Arzt zuschicken.

Vorhofflimmern Spezielle Apps zur Früherkennung von Vorhofflimmern haben Chan und Choy (2016) in der Zeitschrift Heart beschrieben. Die Apps funktionieren mit einem speziellen Gehäuse für das Handy, um die Potenzialdifferenz zwischen den beiden Händen darzustellen.

In der Studie wurden 13.122 Einwohner Hongkongs im Rahmen eines Screeningprogramms getestet. Bei 101 Probanden konnte Vorhofflimmern festgestellt werden, davon hatten 66 keinerlei Symptome wie Palpitationen, unregelmäßiger Herzschlag oder Herzjagen. Die App scheint sich zum Massenscreening von Vorhofflimmern zu eignen. Dies ist für Patienten relevant, da permanentes Vorhofflimmern zum Schutz vor Schlaganfällen der Frequenzkontrolle und der Antikoagulation bedarf.

Diabetes Diabetesbezogene Apps gehen weltweit in die Zehntausende. Die meisten befassen sich mit Diabetestagebüchern und Apps zur Therapieunterstützung.

So gibt die App *NutriCheck* Auskunft über Kalorien, Fett-, Vitamin- oder Mineraliengehalt zahlreicher Lebensmittel und ist ein guter Ernährungsratgeber. Sie dient als Ergänzung der App *Broteinheiten, BE Rechner PRO* auch bei einer geplanten Gewichtsabnahme durch Bestimmung des persönlichen Kalorienprofils.

Eine Zertifizierung der Diabetiker-Apps wird in den nächsten Jahren Aufgabe der Fachgesellschaften sein (siehe www.diadigital.de). Eine CE-Zertifizierung und Produkthaftung sind schon jetzt aber bei Medizinprodukten nötig, die Therapieempfehlungen zum Beispiel zur Insulindosis in Abhängigkeit von der Nahrungsaufnahme abgeben.

Blutzuckermessende Kontaktlinsen, die kontinuierlich den Zuckerwert in der Tränenflüssigkeit messen, sind in Studien als brauchbar beschrieben, von dem Routineeinsatz aber noch weit entfernt. Dagegen ermittelt das Messgerät *Freestyle Libre* die Blutzuckerkonzentration per Sensor im Unterhautgewebe (Abschn. 2.1.2 unter „Medizinische Hilfen"). Medtronic hat ein System auf den Markt gebracht, bei dem mittels eines Sensors unter der Haut der Blutzuckerspiegel errechnet und auf dem Smartphone angezeigt wird. Eine Pumpe kann dann die benötigte Insulinmenge injizieren.

Eine kontinuierliche interstitielle Glukosemessung mit Real-Time-Messgeräten (rtCGM) ist seit 2016 für Diabetiker mit einer intensivierten Insulinbehandlung eine vom Gemeinsamen Bundesausschuss (G-BA) anerkannte Kassenleistung. Diese Real-Time-Messgeräte haben immer eine Alarmfunktion. So gehen mit dem System *Dexcom G5 Mobile CGM* die Zuckerwerte, Trends und automatische Alarme direkt auf das mobile Kommunikationsgerät für iOS oder Android. Die farbige Darstellung erlaubt auf dem Anzeigegerät sofort und kontinuierlich das Ablesen der Glukosewerte.

Vodafone hat zusammen mit dem Schweizer Partner Medi-sante auf der MEDICA 2017 in Düsseldorf ein kleines Gerät vorgestellt, das gemessene Werte für Blutzucker und Blutdruck direkt an den Hausarzt überträgt (Kowalewsky 2017).

Bipolare Störungen Apps zur Prävention bipolarer Störungen sind in zahlreichen Studien bereits im Einsatz (siehe Kasuistik 3, Abschn. 1.1). So ist bei beginnenden manischen Phasen eine motorische und kognitive Überaktivität typisch, die sich durch erhöhte Schrittzahlen, vermehrtes Telefonieren bzw. SMS- oder E-Mail-Versand sowie vermehrte WhatsApp-Aktivitäten identifizieren lassen. Der Computer benachrichtigt bei dem Dresdner Smartphone-Projekt per E-Mail erst dann den Arzt, wenn eine Abweichung von dem individuell definierten Normverhalten auftritt (Schmidt-Sausen 2015). Mit der Kontaktaufnahme des Arztes und der früheren Diagnosestellung wäre dann auch ein früherer Behandlungsbeginn möglich.

Im Rahmen des „Forschungsnetzes zu psychischen Erkrankungen" nehmen an der Dresdner Studie 25 Psychiatrische Universitätskliniken teil. Eine Besonderheit ist, dass dabei die App ohne Zutun der Patienten arbeitet: Lichtsensoren geben Auskunft über das Schlafverhalten, die aktivierte GPS-Funktion erfasst den Bewegungsradius der Patienten und der Aktivitätszustand wird mit der automatischen SMS- und Anrufzählung gemessen. Da 160 Patienten in 2 Studienarmen untersucht werden sollen, ist der Abschluss dieser Studie erst 2019 zu erwarten.

Psychiater sagen, dass der Beginn der manischen – weniger der depressiven – Phasen mit solchen Apps früher als vom Patienten vermutet erfasst werden können. Zum Schutz vor einer schnellen Exazerbation in die Manie hinein ist dann eine schnellst mögliche antipsychotische Therapie nötig. Ob bei einer telemonitorisch erstellten Verdachtsdiagnose auch der Arzt per Telefon die dringend benötigte Therapie ohne persönlichen oder zumindest Online-Videokontakt immer umsetzen kann, bleibt sehr fraglich.

Nach unserer Erfahrung ist die persönliche Vorstellung zur Diagnosestellung „Manische Phase im Rahmen einer bipolaren Erkrankung" auch in ländlichen, weniger zugänglichen Regionen zwingend. Wir würden eine telefonische Empfehlung zur Inhalation von Loxapin gegen die agitierte manische Störung auch in solchen Fällen ohne persönlichen Arzt- oder Psychiatriepfleger/in-Patienten-Kontakt für unvertretbar ansehen (siehe zur Inhalation von Loxapin im Notfall bei Krüger et al. 2016).

GPS-Tracker-Apps zur Suchmeldung bei Kindern oder Dementen Tracker-Apps (engl. für „Verfolger") dienen in Verbindung mit dem GPS-System der Überwachung und Ortung von Personen oder Gegenständen. Mit der App *Family Tracker* lassen sich die registrierten Smartphones von Kindern, von Freunden oder auch von Patienten in Echtzeit verfolgen. Mit der Installation der Tracking-App oder der App *Synagram* wird der Standort via GPS ermittelt und man kann bedarfsweise sofort mit dem Überwachten Kontakt aufnehmen.

Für ängstliche Eltern bietet der US-Anbieter *Qustodio* eine Online-Kontrolle mit unsichtbarem Modus an. Dieser Modus kann in Notlagen von Kindern oder bei Demenzkranken ebenfalls hilfreich sein.

Mit *iNanny* hat Ralf Kliene 2010 eine GPS-Funktion entwickelt, mit der Bewegungsabläufe verfolgt und Menschen geortet werden können (Tobien 2015). Weitere Entwicklungen wie *Wo ist Lilly?* oder *Tabaluga SOS Familien App* ermöglichen die Markierung eines Bewegungsfeldes („Geo-Zaun"), das bei Überschreiten des „digitalen Gartenzaunes" Meldung macht. Legt das Kind bei der App Wo ist Lilly? die Kinderarmbanduhr ab, erhalten die Eltern einen Alarm. Ähnlich werden Straftäter gemeldet, die ihre digitale Fußfessel ablegen (Olbrisch et al. 2015).

Tracker-Apps können im Einzelfall den Persönlichkeitsschutz verletzen und die Entwicklung besonders von Kindern gefährden, wenn sie deren Freiraum einengen.

Solche „Helikopter-Kinder" können nichts mehr heimlich machen. Ständige Überwachung kann die Entwicklung von Selbstvertrauen und Selbstwertgefühl behindern und die Zahl der Angsthasen fördern. Dies gilt besonders dann, wenn der Grund für die Überwachung nicht die realen Gefahren der Kinder, sondern eigene irrationale Ängste sind.

Smartphones oder Smartwatches mit einem integrierten Ortungssystem erlauben es leicht Dementen, sich frei im sozialen Umfeld eines Altenheimes oder beim Einkaufen zu bewegen. Befinden sich Demente aber plötzlich in einer hilflosen Situation, haben sie sich zum Beispiel verlaufen, kann mit einem Knopfdruck ein Notruf abgesetzt werden. Der ausgesandte Notruf erreicht im Hintergrund einen Angehörigen oder eine Pflegeperson. Diese sieht sofort den Standort der desorientierten Person und kann mit ihm telefonisch Kontakt aufnehmen bzw. ihn direkt aufsuchen.

Krebserkrankung Krebspatienten können mit dem digitalen Tagebuch *CANKADO* ihre Medikamenteneinnahmen und Beschwerden dokumentieren und wenn gewünscht ihrem Arzt relevante Informationen in Echtzeit berichten. Die App basiert auf dem Ansatz des „Patient Reported Outcome" und ist kostenfrei. Sie hat als Medizinprodukt auch eine CE-Kennzeichnung.

Epilepsie Epilepsie-Apps für die Kontrolle der Epilepsie-Medikation, aber mehr noch zur Erfassung bisher unentdeckter klonischer Anfälle eignet sich das Signalsystem *Epi-Care free* (www.epitech.de). Es alarmiert im Ernstfall die Betreuungsperson und ist bei GPS-Unterstützung ortsungebunden.

Parkinson-Erkrankung Die Mehrzahl der Apps für Parkinson-Patienten benötigen der ärztlichen Assistenz und sind daher im Abschn. 2.1.2 unter „Medizinische Hilfen" abgehandelt. Hilfreich alleine für die Patienten ist die kostenlose *Impulse-App*, herunterzuladen im App Store von Apple oder im Google Play Store. Sie liefert einmal wöchentlich über ein Jahr Impulse der verschiedensten Art, unter anderem Informationen, Sinnsprüche, Übungen, Training körperlicher Fähigkeiten, jahreszeitliche Tipps. Neben der körperlichen Beweglichkeit ist das Ansprechen der Emotionen ein weiterer wichtiger Bestandteil.

Parkinson Lifehacks beziehen sich mit ihren „Lebenskniffen" auf Strategien oder Tätigkeiten des täglichen Lebens. Parkinson-Kranken werden die verschiedensten Tipps zur Bewältigung spezieller Fertigkeiten erklärt, zum Beispiel wie öffne ich trotz Zitterns der Hände eine Flasche oder wie ziehe ich die Socken an. Diese App wurde von der Selbsthilfegruppe JuPaRheinland-Pfalz Süd entwickelt; weitere Infos finden sich unter www.parkinson-lifehacks.de.

Intelligente Pflaster Pflaster wie *TracPatch* überwachen durch Messung der Temperatur den Wundheilungsprozess und senden erhöht gemessene Temperaturwerte bedarfsweise an den Patienten selbst oder seinen Arzt.

2.1.2 Arztpraxis, Krankenkasse und Klinik

Viele Experten schätzen das Revolutionspotenzial des E-Health-Gesetzes bei intelligenter Anwendung als sehr hoch ein (Sigmund-Schultze 2016). So lassen sich möglicherweise wertvolle Resourcen sparen durch Sensorsysteme zum Monitoring physiologischer Funktionen mit Datenübertragung an den Arzt oder Textmessages mit Erinnerung des Patienten. Zur Prävention und zur Diagnostik dient ein Smartphone, wenn es ein komplettes Herz-Kreislauf-Profil mit Blutdruckwerten und Puls erstellen und an den Arzt weitergeben kann. Digitale Medizin mit guter Qualität wird auch die zahlreichen Wiederholungsbesuche beim Arzt reduzieren helfen.

Die Digitalisierung in Kliniken wird durch die bessere Erfassung aller Leistungen die Wirtschaftlichkeit verbessern und damit letztlich auch die Versorgungsqualität erhöhen.

Bei einzelnen Apps kann man nicht streng einen präventiven von einem therapeutischen Ansatz unterscheiden. Im Zweifel habe ich solche Apps dann weiter unten unter „Medizinische Hilfen". vorgestellt, auch um so die Wichtigkeit der Miteinbeziehung des behandelnden Arztes zu betonen.

Beim E-Health unterteilt man organisatorische und medizinische Hilfen.

2.1.2.1 Organisatorische Hilfen

Der Digitalisierungsgrad in deutschen Kliniken ist noch niedrig; auf einer Skala von 0 bis 7 Punkten liegt Deutschland bei 2,2 Punkten, Spanien bei 3,6 und Dänemark bei 5,3 Punkten (Balzter 2016). Die Anbindung der Kliniken und Arztpraxen an die Telematikinfrastruktur verzögert sich auch deshalb, weil Zugangsgeräte, sogenannte Konnektoren, nicht rechtzeitig einsatzbereit sind. Der Konnektor ist ein Stück Hardware, das die einzelnen Praxen sicher mit dem riesigen Datennetz (sogenannte Telematikinfrastruktur) verbindet.

Vielleicht erklärt sich der verzögerte Umgang mit der Digitalisierung im deutschen Gesundheitssystem auch mit der Sorge, dass die ärztliche Schweigepflicht online schwieriger einzuhalten ist (Details hierzu siehe Abschn. 5.3.1) und der Beweiswert elektronischer Patientenakten in Haftungsprozessen umstritten ist. Aber auch ohne diese Einwände wird die Digitalisierung und Modernisierung erst dann von allen Berufsgruppen voll akzeptiert werden, wenn dadurch tatsächlich der hohe Anteil bürokratischer Aufgaben für Ärzte und Pflegende so stark reduziert wird, dass wieder mehr Zeit für die Versorgung der Patienten bleibt.

Dokumentationspflicht Die ärztliche Dokumentationspflicht ergibt sich aus § 10 Abs. 1 der Musterberufsordnung (MBO) und im Zivilrecht aus § 630 Abs. 1 Bürgerliches Gesetzbuch (BGB). Zum Zwecke der Dokumentation hat der Arzt eine Patientenakte in Papierform oder elektronisch zu führen; diese Verpflichtung wird auch im Patientenrechtegesetz erwähnt. Die Dokumentation zwingt damit den Arzt bei jedem Patienten zum Führen eines Krankenblattes bzw. einer elektronischen Krankenakte; für Klinikärzte bedeutet Dokumentationspflicht auch die Erstellung eines Arztbriefes.

> Alle Aufzeichnungen auf elektronischen Datenträgern oder anderen Speichermedien bedürfen besonderer Sicherungs- und Schutzmaßnahmen, damit deren Veränderung, Vernichtung oder unrechtmäßige Verwendung in jedem Falle verhindert wird.

Eine elektronische Patientendokumentation muss immer eine elektronische Signatur enthalten, wenn sie ein der handschriftlichen Patientendokumentation ebenbürtiges Beweismittel sein soll (Schulenburg und Eibl 2017). Eingescannte Schriftstücke können vor dem Einscannen verändert werden. Erfahrene Juristen empfehlen daher, maßgebliche Originalunterlagen wie insbesondere Aufklärungs- und Einwilligungsbögen sowie Unterlagen der Mitbehandler aufzubewahren und immer eine elektronische Signatur anzuwenden (Schulenburg und Eibl 2017).

Tablet-Computer zur Visite Sie sind eine echte Hilfe, wenn damit Verordnungen auch per Spracherkennung mit automatischer Zeitangabe möglich sind. Alle Laborwerte und Radiologiebilder sind hiermit immer abrufbar und sichtbar. Das „Führen" der Tageskurve auf Normalstation und der Stundenkurve auf Intensivstation ist auch für Fachpflegemitarbeiter leicht erlernbar.

Digitale Visitenwagen Sie sind ebenso wie die elektronische Krankenakte seit 2016 immer häufiger im Einsatz. In dem mobilen Visitenwagen finden sich ein Computer und ein Monitor. Mit wenigen Mausklicks sind alle relevanten Daten der Patienten aufrufbar, anstehende Operationen können dem Patienten mit den aktuellsten CT- oder MRT-Bildern am Krankenbett erklärt werden. Verordnungen von Medikamenten sind sofort möglich. Allerdings geben die Ärzte die Anordnungen oft noch selbst direkt ein, was zur Entlastung des Pflegepersonals, nicht aber der Ärzte beiträgt.

Erfahrungen mit dem digitalen Visitenwagen am Katholischen Krankenhaus St. Johann Nepomuk in Erfurt bestätigen den zeitlichen Mehraufwand für Ärzte, aber auch 6 entscheidende Vorteile (Schmidt-Sausen 2018):

Vorteile digitaler Visitenwagen

1. Es wird alles sauber und lesbar erfasst.
2. Man kann im Dienst von überall auf alles zugreifen.
3. Man kann Patienten am Bett die Informationen per Bild liefern.
4. Hinweise zu Medikationen und Wechselwirkungen sind sofort abrufbar.
5. Berufsgruppenübergreifende Kommunikation mit Sozialarbeitern oder Apothekern wird gefördert.
6. Durch die digitale Patientendokumentation „rutscht nichts mehr durch", was die Abrechnung aller Leistungen ermöglicht.

Weder bei der Visite noch im Untersuchungszimmer muss noch in dicken Krankenakten gesucht oder handschriftliche Eintragungen entziffert werden. Damit bringt die Digitalisierung in der Klinik letztlich für Ärzte, Pflegepersonal und Patienten deutliche Vorteile.

Elektronischer Arztbrief und elektronische Patientenakte Der *elektronische Arztbrief* (eA) wird seit 2007 entwickelt und ist eine wichtige Ergänzung der elektronischen Patientenakte (ePA). Hauptziele der ePA sind

- Transparenz für alle Berechtigten,
- Verbesserung der Behandlungsqualität und
- Vermeidung von Doppeluntersuchungen.

Die ePA ist von der *elektronischen Krankenakte* (eKA) der Klinik zu unterscheiden, da nur die ePA auf der Gesundheitskarte der Patienten archiviert wird und vom Patienten als dessen Eigentum auch gegebenenfalls eingesehen und korrigiert werden kann. Damit ist der Nutzen der Patientenakte für die Patientensicherheit zumindest fragwürdig (Korzilius 2018).

Bestandteile der elektronischen Patientenakte

- Aktueller Medikationsplan
- Notfalldatensatz
- Chronologisch einsortierte elektronische Arztbriefe
- Impfpass
- Labor- und Röntgenbefunde
- Allergie- und Unverträglichkeitsangaben
- Patientenverfügung
- Vorsorgevollmacht

Alle Daten werden über sichere Netze wie D2D oder KV-Connect übertragen und die Arztbriefe mit qualifizierter elektronischer Signatur (QES) via elektronischem Heilberufsausweis (eHBA) unterschrieben (Brenn 2015). Mit der QES kann der Arzt einen Brief rechtsgültig elektronisch unterschreiben. Die QES garantiert dem Empfänger, von wem das signierte Dokument stammt und dass es nach der Unterschrift nicht mehr verändert wurde (Krüger-Brand 2017c). Nötig sind auf der Technikseite einheitliche digitale Dokumentationsstandards, um eine semantische Interoperabilität zwischen den verschiedenen Informationssystemen zu gewährleisten.

Für eine elektronisch geführte Patientenakte ist eine flächendeckende WLAN-Infrastruktur unentbehrlich, da sonst die Gesundheitskarte mit allen aktuell eingetragenen Daten ohne Wert wäre.

Die elektronische Patientenakte kann im Erkrankungsfall in Sekundenschnelle Informationen über den Patienten liefern. Mit der schnelleren Zurverfügungstellung der elektronischen Patientenakte darf aber in keinem Falle eine leichtere Zugänglichkeit verbunden sein. 77 % der Versicherten wollen zu Recht selbst darüber bestimmen, welche Ärzte Zugriff auf die Daten in ihrer ePA haben (Krüger-Brand und Osterloh 2017). In jedem Falle hat der Patient die Datenhoheit über seine elektronische Akte.

Immer mehr Kliniken sehen es als ihre Pflicht an, dem Patienten auch volles Einsichtsrecht in „seine Krankenblattakte" (das heißt eKA), also das Krankenblatt der Klinik zu geben. Es wird dabei nicht berücksichtigt, dass nur die ePA, aber nicht die eKA Eigentum des Patienten ist. Dieses Einsichtsrecht ist grundsätzlich zu unterstützen, kann aber insbesondere bei neuropsychiatrischen Patienten unter anderem zu Diskussionen über den erhobenen psychischen Befund führen. Auch stellt sich die Gefahr ein, dass Angehörige und andere Beziehungspersonen, die jetzt noch über Dinge mit der Auflage berichten, dass der Patient davon nichts erfahren darf, in Zukunft dem Arzt die Auflage geben, die Angaben nicht mehr schriftlich festzuhalten, weil der Patient davon nichts erfahren soll.

Die ePA soll als freiwillige Anwendung ab 2019 zur Verfügung stehen und unter anderem den Notfalldatensatz, den Medikationsplan, Arztbriefe, Impfpass und weitere elektronische Dokumente enthalten. Als Zugriffsberechtigung gilt der elektronische Heilberufsausweis des behandelnden Arztes (Zwei-Schlüssel-Prinzip).

Die deutsche Krankenhausgesellschaft sieht in der ePA bisher noch kein geeignetes Arbeitsmittel, weil der Patient in seiner Akte jederzeit Daten löschen könne. Wichtiger werde daher für Krankenhäuser und Ärzte die elektronische Fallakte (Krüger-Brand 2017d).

Die Techniker-Kasse hat es mithilfe einer App *TK-Safe* als erste gesetzliche Krankenkasse ermöglicht, dass die Mitglieder ihre ePA mit ihrem Smartphone selbst managen können (RP online 2018). In diese TK-Akte soll auch direkt alles fließen, was die Kasse selbst an Daten gespeichert hat: Arztbesuche, Diagnosen, Medikamente, Kosten.

Im Ausland steht die ePA bereits in Österreich, der Schweiz und Estland zur Verfügung. Eine Besonderheit für Estland ist die zusätzliche Angabe über die Behandlungskosten (https://www.digilugu.ee).

Die elektronische KA hilft nur dann dem Klinikarzt, wenn nicht wahllos Daten in die Akte eingespeist werden, sondern auf chronologischen und logischen Aufbau geachtet wird. Mit der elektronischen Erfassung gibt der Arzt die Angaben aber selbst nicht mehr per eigener Handschrift, sondern per Tastatur im Anblick des Bildschirmes und nicht des Patienten ein. Die Dokumentation erfolgt meist deutlich verkürzt und manche Sätze werden als Blöcke bereits bei der stationären Aufnahme des Patienten so eingegeben, dass sie im Entlassungsbrief als Arztbriefbausteine übernommen werden können.

Folge dieser Art „Digitalisierung" ist demzufolge eine deutliche Verschlechterung der Qualität der ärztlichen Anamnese- sowie Befunderhebung und auch der Arztbriefinhalte. Dieser Entwicklung gegenzusteuern, ist Aufgabe jedes leitenden Arztes. Diese resignieren aber leider spätestens dann, wenn an der Fertigstellung eines einzelnen Arztbriefes dank der Schichtdienste und Halbtagsdienste mehrere Ärzte beteiligt sind.

Die Akzeptanz der eKA ist dann am größten, wenn die Klinik mit Tablet-Computern (iPad mini) als Krankenblattersatz ausgestattet ist und die Ärzte jederzeit – auch von zu Hause aus – auf die Daten, insbesondere das digitale Bildmanagement, nicht nur bei Notfällen zugreifen können.

Elektronische Gesundheitskarte Die *elektronische Gesundheitskarte* (eGK) ist eine erweiterbare Versichertenkarte mit Lichtbild.

> Nach § 291a Abs. 3 Satz 1 Nr. 1 Sozialgesetzbuch (SGB) V muss die eGK geeignet sein, das Erheben, Verarbeiten und Nutzen von medizinischen Daten, soweit sie für die Notfallversorgung erforderlich sind, zu unterstützen. Abzuspeichern sind alle Notfalldaten, der elektronische Medikationsplan (eMP), elektronische Arztbriefe, Diagnosen, Rezepte, Röntgenbilder und der Impfpass.

Der *elektronische Medikationsplan* ist eine Weiterentwicklung des bundes-einheitlichen Medikationsplanes auf Papier und soll künftig auf der eGK gespeichert und von Apothekern und weiterbehandelnde Ärzten ausgelesen und aktualisiert werden. Die Speicherung des Medikationsplans auf der eGK ist für die Patienten freiwillig, der Anspruch auf die Papierform bleibt bestehen.

Seit dem 1. Januar 2015 ist die eGK testweise bei mehr als 150.000 Mitgliedern der einzige Berechtigungsnachweis, um Leistungen der gesetzlichen Krankenversicherung in Anspruch nehmen zu können. Diese Erstanlage funktioniert erfreulicherweise bereits in der Praxis (Stachwitz et al. 2017). Das Notfalldatenmanagement (NFDM) kann aber nur dann mit der eGK funktionieren, wenn ein Arzt das NFDM zuvor mit Zustimmung des Patienten auf der eGK gespeichert hat.

Neben den *Notfalldatensätzen* (NFD) werden auf der eGK Datensätze mit persönlichen Erklärungen (DPE) gespeichert. Nur im Notfall ist der NFD von jedem Arzt ohne Mitwirkung des Patienten einsehbar. Informationen zum NFDM finden sich unter http://nfdm.gematik.de. Vom Notfall abgesehen, werden alle Patientendaten nur durch das gleichzeitige Stecken der Gesundheitskarte und des Arztausweises entschlüsselt. Zudem müssen Patienten mit eigener PIN dem Zugriff zustimmen.

Im *Datensatz persönlicher Erklärungen* (DPE), der völlig getrennt vom NFD angelegt wird, finden sich Angaben zum Aufbewahrungsort der 3 Willenserklärungen zur Organspende, Patientenverfügung und Vorsorgevollmacht (Stachwitz et al. 2017).

Auch die Patientenakte unter anderem mit Kontaktdaten soll auf der eGK gespeichert und PIN-geschützt sein, abrufbar nur im Lesegerät eines Arztes, der gleichzeitig Gesundheitskarte und PIN eingibt.

Die Gesundheitskarte war aufgrund des E-Health-Gesetzes ab 1. Juli 2018 Pflicht für alle gesetzlich Versicherten; aufgrund einer Fristverlängerung ist das Versichertenstammdatenmanagement (VSDM) nun erst ab 1. Januar 2019 Pflicht (Krüger-Brand 2018). Alle Kliniken, Arzt- und Psychotherapeutenpraxen sind dann an die Telematikinfrastruktur angeschlossen. Diese Online-Anwendung ermöglicht ein modernes Versichertenstammdatenmanagement, einen Medikationsplan (MP), Notfalldaten und die Patientenakte (Impfpass etc.). Neu aufgenommen sind in dem Gesetz der elektronische Arztbrief und ein Patientenfach; ab 2019 sollen Patienten auf der eGK auch eigene Daten etwa aus Fitness-Trackern, Smartphones oder tragbaren Messgeräten (Wearables) speichern können.

Pessimisten sehen bei der bisherigen Realisierung der eGK so viele Probleme, dass sie als Alternative für die eGK das Smartphone ansehen, da dies letztlich jedes Krankenkassenmitglied besitzt.

Hintergrundinformation

So sind die privaten Krankenversicherungen (PKV) bereits 2011 aus der Entwicklung der eGK ausgeschieden und setzen auf das Smartphone. Die erste Stufe ist eine Service-App, die Privatversicherte für ihre Abrechnung bereits in 15–20 % (Stand 2017) nutzen. Weitere Funktionalitäten sollen die Stammdaten, Notfalldaten, Arztbriefe, ein Medikationsplan und ein elektronischer Impfpass sein.

Die AOK will ebenfalls nicht mehr auf die staatlichen Vorgaben für die digitale Patientenakte warten. Sie hat ein Pilotprojekt vorgestellt, bei dem Patienten von ihrem Smartphone aus selbst auf ihre Daten zugreifen können. Ein Stück Plastik mit einem darauf enthaltenen Chip spielt dann keine Rolle mehr (Rosenbach und Schmergal 2017). Der AOK-Bundesvorsitzende Martin Litsch sieht die eGK als gescheitert an, solange die Patienten ihre Daten nur in Arztpraxen einsehen können; er fordert einen jederzeitigen Zugriff der Patienten auch mobil über ihre Smartphones (Litsch 2018).

Datenschutz Die hohe Verfügbarkeit der Patientendaten bringt einen immensen Mehrwert für effiziente Behandlungsentscheidungen, birgt aber auch ein hohes Risiko für den Datenschutz und stellt daher hohe Anforderungen an das Berechtigungskonzept des Krankenhaus-Informationssystems (KIS). Generell ist ein Zugriff der Ärzte auf die Daten aller Patienten einer Klinik zum einen unzulässig, weil er gegen das datenschutzrechtliche Prinzip der Erforderlichkeit verstößt. Zugleich verstößt er gegen die im Strafgesetzbuch und der Musterberufsordnung der Ärzte verankerte Schweigepflicht.

> Zunächst ist also davon auszugehen, dass jeder Zugriff auf Patientendaten grundsätzlich unrechtmäßig ist, es sei denn, er ist erforderlich, um seine Aufgaben im Interesse des Patienten zu erfüllen.

Daraus folgt: Für jeden Behandlungsfall sind die Zugriffsberechtigungen entsprechend der Erforderlichkeit für die jeweils persönliche Aufgabenerfüllung zu vergeben (Behandlungskontext). Nur der Patient kann das Genehmigungsrecht zur Einsicht in seine Daten selbst haben und generell oder für jeden einzelnen Fall unter Vorbehalt weitergeben.

Seit 25. Mai 2018 gilt für alle Unternehmen, die personenbezogene Daten nutzen, die Datenschutz-Grundverordnung (DSGVO), in der noch ein höherer Datenschutz verlangt wird. Hierin werden die Rechte der Bürger sowie ihre Privatsphäre gestärkt; alle sozialen Netzwerke und digitalen Plattformen müssen ihre Praktiken offenlegen. Weitere Infos siehe: www.europa.eu/dataprotection/de.

Für die digitale Datenverarbeitung, -nutzung und -übertragung gelten die gleichen datenschutzrechtlichen Rahmenbedingungen wie beim Einsatz von Papier. Sichere Kommunikationswege sind mithilfe von Verschlüsselungstechnologien einzusetzen; dazu zählen die Datenübertragung mittels VPN-Tunnel oder eine Telematikinfrastruktur (Kropp und Günther 2017). Beide Kommunikationswege hat der Gesetzgeber freigegeben. Für telemedizinische Anwendungen (zum Beispiel Telekonsil) oder die Verwendung von E-Mails ohne zusätzliche End-zu-End-Verschlüsselung gibt es noch keine vom Gesetzgeber freigegebenen Kommunikationswege (Kropp und Günther 2017).

Datenträgerverschlüsselung Um die Gefahr des unbefugten Datenzugriffs zu minimieren, ist die Datenträgerverschlüsselung ein möglicher Weg. Die Sicherheit einer Datenträgerverschlüsselung hängt von der Passwortstärke und vom verwendeten Verschlüsselungsverfahren ab. Als sicher betrachtetes Verfahren zur Datenverschlüsselung gilt derzeit der Advanced Encryption

Standard mit einem 256 bit langen Schlüssel (kurz AES-256) (weitere Details siehe KV-Rheinland-Pfalz, „Informationstechnologie in ärztlichen Kooperationen": http://daebl.de/RM67).

Datenschutzbeauftrage Sie sind in Deutschland durch das Datenschutzgesetz beauftragt, alle Mitarbeiter, die bei der Verarbeitung patienten-bezogener Daten tätig sind, mit den Vorschriften dieses Gesetzes sowie anderen Vorschriften über den Datenschutz vertraut zu machen. Datenschutzschulungen sind seit 2014 Pflichtschulungen und müssen von allen Mitarbeitern in regelmäßigen Abständen absolviert werden.

Im *niedergelassenen Bereich* muss nach Empfehlung der Kassenärztliche Vereinigung (KV) ein Online-Zugang über einen zertifizierten KV-Safe-Net-Provider erfolgen; dies gilt explizit auch für den Internetzugang. Der zentrale Online-Virenschutz ist zwingend, wenn man bedenkt, dass auf deutschlandweit 94 verschickte E-Mails eine mit bösartigen Links oder Anhängen kommen soll (Krüger-Brand 2017b). Weitere Einzelheiten der Forderungen der KBV und der BÄK finden sich unter http://daebl.de/PU63, http://daebl.de/VM95 und http://daebl.de/ET93.

Elektronische Terminvergabe und Abmeldesystem Beides ist als Abwesenheits-Manager in Arztpraxen und Kliniken nicht mehr wegzudenken und teilen dem Anrufer per E-Mail die nötigen Untersuchungstermine mit.

Medikamentenplan und Einnahmezeiten Sie sind dem Patienten leider nicht immer präsent. Mit der App „MyTherapy" der Münchner Firma Smartpatient wandert der Medikamentenplan auf das Smartphone. Zur Einnahmezeit leuchtet zur Erinnerung auf dem Display ein akustisch unter-legtes Zeichen. Die App support@mytherapyapp.com ist kostenfrei und wird alle 2–6 Wochen aktualisiert.

Gesundheitsdatenaustausch Der Austausch eigener Gesundheitsdaten ist digital mit dem *LifeTime* zwischen Arzt und Patient möglich. Mit dem LifeTime-Hub beim Arzt und LifeTime-App beim Patienten können Gesundheitsdaten direkt übergeben und übernommen werden.

In der App werden alle Daten wie Röntgen-, CT- sowie MRT-Bilder und Arztbriefe verschlüsselt verwaltet. Als Patient hat man alleine über alle seine Gesundheitsdaten die volle Kontrolle, was alleine schon eine bessere medizinische Versorgung bewirken kann. Gründer von LifeTime ist Dr. med. Johannes Jacubeit, Mitglied im Gesundheitsausschuss der Handelskammer Hamburg.

Therapietreue will der Neurologe Dr. Michael Lang mit seiner App *Patient Concept* erreichen. Diese App verbessert die Kommunikation zwischen Patient und Arzt, erhöht die Therapiesicherheit durch Überwachung diverser Parameter sowie der Einnahmezeiten und ermöglicht die Übermittlung der Aktivitätsdaten von Parkinson-Patienten (Lang 2017).

Ein *Symptomtagebuch* ist für Borreliosekranke entwickelt worden. Interessierte können sich unter https://lymecare.com anmelden und das Tagebuch kostenfrei nutzen.

Standorterfassung in der Klinik wird im Celebration-Health-Krankenhaus in Orlando (Florida) seit 2 Jahren eingesetzt (Buse 2015). Die Sensoren werden vom Personal und den Patienten getragen und erlauben angeblich eine deutliche Prozessoptimierung durch eine totale Überwachung im Arbeitsleben. Stellt man im Arbeitstag einer Krankenschwester fest, dass sie mehr als die Hälfte ihrer Arbeitszeit im Stationszimmer verbringt, werden gemeinsam Verbesserungsmöglichkeiten erarbeitet. Prozessoptimierung ist auch möglich, wenn die Sensoren aufzeigen, dass einzelne Personen sich zu selten oder zu wenig gründlich die Hände desinfizieren. Gegen die befürchtete totale Überwachung argumentieren die Softwareentwickler, dass die Daten nur zum Helfen und zur besseren Führung eingesetzt werden dürfen. Niemals sei es erlaubt, Mitarbeiter deswegen abzustrafen oder zu entlassen. Mit Beginn dieser elektronischen personellen Überwachung in Orlando lief die Zusammenarbeit zwischen Aufwachraum und den einzelnen Stationen besser und die Zahl der Anrufe nahm deutlich ab. Um zu wissen, wo sich welcher Patient oder Pfleger aufhält, war nur ein Blick auf einen großen Monitor nötig, wo alle Informationen in Echtzeit gelistet sind.

Es bleibt in dem Bericht von Buse (2015) unklar, warum sekündlich Pfleger und Schwestern, nicht aber Ärzte und Verwaltungsleiter von der freiwilligen Sensorpflicht erfasst werden. Immerhin erlauben die Daten nicht nur die Information, wo jemand sich gerade aufhält, sondern auch wohin er geht.

Die kontinuierliche Standorterfassung ist möglicherweise eine große organisatorische Hilfe. Sie kann auch *im Notfall* beim Suchen der Notfallhelfer sehr hilfreich sein. Umsetzbar erscheint sie aber erst dann, wenn alle Personen im Krankenhaus daran teilnehmen und Transparenz für den Betriebsrat gewährleistet ist. Ein gutes Arbeitsverhältnis muss primär auf Vertrauen und weniger auf Kontrollen beruhen.

2.1.2.2 Medizinische Hilfen

Die Digitalisierung des Gesundheitswesens darf das Arzt-Patienten-Verhältnis nicht belasten. Das Maß für die Technisierung ist nicht, was technisch möglich ist, sondern was medizinisch sinnvoll ist.

Erleichterung des Arztalltags mit 10 Apps
Folgende meist kostenpflichtige Apps sind ein fester Bestandteil in der Hausarztpraxis geworden (coliquio NEWS 2017):

- *Rote Liste* mit Handelsnamen und Dosierungsformen
- *Arznei aktuell* mit Medikamentendaten und Apothekenverkaufspreis von über 83.000 verschreibungs- und apothekenpflichtigen Medikamenten
- *Arznei check 2* mit allen Neben- u. Wechselwirkungen
- *Arznei mobil* zur Frage der Fahrtüchtigkeit
- *FORTA* zu Wechselwirkungen bei geriatrischen Patienten
- *Mobile Leitlinien Innere Medizin*
- *Notfallmedizin*
- *ICD-10 Diagnoseauskunft* für die Krankschreibung.
- *Zi-Kodierhilfe* (https://zi.de) ist für Ärzte und Therapeuten kostenlos

Die App *Arznei aktuell* kann man unter https://www.ifap.de kostenfrei herunterladen; sie erlaubt eine rasche Übersicht über Dosierungen, Dosierungsgrößen und etwaige Dosisanpassungen. Neben rezept- und apothekenpflichtigen Arzneien finden sich auch Medizinprodukte mit Arzneicharakter sowie OTX-Präparate.

Als Apps findet man Leitlinien von weniger als 15 der 177 Fachgesellschaften in Deutschland. Die Deutsche Gesellschaft für Innere Medizin, die Deutsche Hochdruckliga und die Deutsche Gesellschaft für Kardiologie (DGK) gehören zu den Vorreitern einer App. So hat die DGK 6 neue Apps für kardiologische Notfälle leitlinienkonform entwickelt: Leitsymptom akuter Brustschmerz, STEMI, NSTE-ACS, akutes Aortensyndrom, Lungenarterienembolie, infarktbedingter kardiogener Schock (Einzelheiten hierzu siehe www.aerzteblatt.de).

Apps können nicht nur die Herzfunktion überwachen, sondern auch Insulinpumpen steuern, Medikamentendosierungen empfehlen, Therapievorschläge machen und so für Ärzte als auch Patienten Vorteile, aber auch erhebliche Risiken bedeuten. Man kann sein iPhone mit einem EKG ausstatten und eine App den Herzrhythmus analysieren lassen. Vorhofflimmern – ein Risikofaktor für Schlaganfall – kann die

Smartphone-Kamera meist sicher erkennen. Per Bluetooth lässt sich eine Blutdruckmanschette mit dem Handy verbinden.

Zu Recht wird die Einhaltung von Rechts- und Verbraucher-schutzvorschriften gefordert, an erster Stelle der Datenschutz. Auch sollten alle Medizinprodukte – und hierzu zählen die meisten Gesundheits-Apps – ein CE-Zeichen tragen; nur damit bestätigt der Hersteller, dass er die geltenden Vorschriften eingehalten hat (Ebert 2016).

> Medizinprodukte, also viele Gesundheits-Apps, dürfen aber nicht eingesetzt werden, wenn sie Mängel aufweisen, die zu Schäden führen können (siehe hierzu § 4 Abs. 1 Nr. 1 Medizinproduktegesetz (MPG) und § 14 Satz 2 MPG).

Bestehen Zweifel über den Zweck einer App, sollten diese nicht bei Patienten eingesetzt werden. Insgesamt gibt es noch wenig Erfahrung mit der Produkthaftung von Apps (Albrecht und Pramann 2018). Schließlich sollte für medizinisch genutzte Apps und Fitness-Tracker eine evidenz-basierte Forschung verlangt werden, bevor Krankenkassen die Kosten übernehmen.

Es gibt in der Medizin unterschiedliche Modelle der Datenübertragung; von den unten vorgestellten Apps und Telemonitoring-Projekten ist tech-nisch am einfachsten das pädiatrische Telekonsil PädExpert; zu den anspruchvollsten Modellen gehören das Monitoring in der Kardiologie und bei Diabetikern.

Diagnose-Apps Sie sind ohne Evidenz und ersetzen keinen Arztbesuch (Details siehe Abschn. 2.1.1 unter „Prävention für Kranke" und Abschn. 4.1.1). Ob sie zur Vorbereitung eines Arztbesuches hilfreich sein könnten oder ob die Patienten dadurch gesundheitskompetenter werden, wird in laufenden Studien geprüft (Merz et al. 2018).

PädExpert Seit Oktober 2012 besteht in Bayern ein webbasiertes kinder- und jugendmedizinisches Konsiliarsystem, *PädExpert*, um das Wissen der Spezialisten aus den Ballungsgebieten auch für Probleme der Pädiater in ländlichen Regionen Bayerns nutzbar zu machen. Sämtliche bayrischen Pädiater nehmen an dem Projekt teil und können auf eine gemeinsame Vertragsdatenbank zugreifen. Das System vernetzt die allgemeine Pädiatrie mit der ambulanten Spezialpädiatrie. Der behandelnde Pädiater gibt seine Befunde samt Fragestellung an den Spezialisten weiter, wobei chronische oder seltene

Erkrankungen präferiert werden. Kinderrheumatologen, Kinderhämatologen und Neuropädiater sind besonders gefragt. Die Online-Beratung durch den Spezialisten ist an keine festen Arbeitszeiten und keine bestimmten Räumlichkeiten gebunden. Der Experte kann den eingegangenen Befund- und Fragebogen zu der für ihn günstigsten Zeit beantworten. Damit wird das ärztliche Arbeiten flexibler und der Spezialist ist frühzeitig im Sprechzimmer des pädiatrischen Hausarztes eingebunden. Das Ende 2015 ausgelaufene Modellprojekt war erfolgreich und soll im gesamten Bundesgebiet eingeführt werden. Bei der Auswertung der guten Resultate zeigte sich ein Zeitgewinn von 12 Tagen bis zur Diagnosestellung. Den jungen Patienten und Angehörigen konnten oft Reisen zum Kinderspezialisten erspart werden (Schmidt 2015).

Fit fOR The Aged Die App *Fit fOR The Aged* (FORTA-Liste) unterstützt die Pharmakotherapie älterer Menschen, um unerwünschte Medikamenteneffekte auszuschließen. Der Mitentwickler und Pharmakologe Martin Wehling klassifiziert die Medikamente für ältere Menschen in nachweislich nützliche bis hin zu untauglichen Medikamenten. Die 4 Kategorien reichen von A (eindeutig positive Nutzen) bis D (Medikamente, die vermieden werden sollten). Die FORTA-Liste umfasst 273 Bewertungen für 29 Indikationen. Die kostenlose App gibt es in deutscher und englischer Sprache.

Kaia gegen Rückenschmerzen Diese App ist leitlinienbasiert, orientiert sich an der Nationalen Versorgungsleitlinie (NVL) für Kreuzschmerzen und bietet Nutzern einen einfachen Zugang zu nichtmedikamentösen schmerztherapeutischen Maßnahmen. *Kaia* ist als Medizinprodukt zugelassen und wurde von Schmerzmedizinern und Physiotherapeuten entwickelt. Nach Ausfüllen eines Fragebogens über spezifische Rückenbeschwerden werden Trainingsvideos, Expertenchats und Entspannungspodcasts zu einem individuellen Trainingsprogramm so zusammengestellt, dass in täglich 3 Trainingseinheiten von ca. 5 Minuten die Muskulatur gekräftigt wird. Die Kaia-App kann 7 Tage kostenfrei getestet werden (http://daebl.de/UQ85).

Schwindel Schwindel-Apps können mit Anleitung zu physiotherapeutischen Übungen bei gutartigem Lagerungsschwindel, akuten vestibulären Syndromen, phobischem Schwankschwindel und chronischem Schwindel hilfreich sein. Die App *Tebonin Übungen gegen Schwindel* ist kostenlos und kann unter www.tebonin.de/app heruntergeladen werden. Die *Wii-Konsole* erlaubt ein spielerisches Gleichgewichtstraining. Durch Gewichtsverlagerungen nach rechts und links kann man einen auf dem Bildschirm sichtbaren Pinguin auf der Eisscholle bewegen oder auch Fische fangen.

Sprachtraining Online-Sprachtraining ist für Patienten nach einem Schlaganfall mit verbliebener Aphasie von großem Wert, da sie dieses digital gestützte Sprachtraining zusätzlich zur logopädischen Therapie täglich zu Hause durchführen können. Entwickelt hat diese App die Münchner Start-up-Firma Evivecare. Supervidiertes Heimtraining wird ermöglicht mit elektronischen Hilfsmitteln wie Tablet, PC oder der Kommunikationshilfe *TouchSpeak*. Therapiefreie Intervalle auszufüllen, ist für jeden Aphasiker besonders wichtig; hier helfen unter logopädischer Begleitung individuelle Übungsprogramme weiter (http://revivo.aphasie.com; http://www.hmnw. de) (Liepert und Breitenstein 2016).

Stottern Online-Stottertherapie wird als Kasseler Stottertherapie von der Firma Digithep GmbH angeboten. Unter www.speechagain.com können sich die Patienten unabhängig von Ort, Zeit und Therapeuten anmelden und die Übungen in Deutsch und Englisch durchführen. Man erlernt hierbei den sogenannten weichen Stimmeinsatz, um die Sprachblockaden zu überwinden. Bei den Übungen wird automatische Spracherkennung, maschinelles Lernen und Biofeedback eingesetzt. Je nach Therapiefortschritt passt das Programm die Lernsequenzen individuell an. Erste Erfolge sollen sich innerhalb von Tagen bemerkbar machen, nach einem Jahr ist ein flüssiger Sprachgebrauch möglich.

Dermatologie-Apps Klara, eine App für Hauterkrankungen, wurde von der Berliner Firma Klara GmbH entwickelt. Sie ermöglicht, dass Patienten mit ihrem Smartphone 2 Handyfotos ihrer Hautauffälligkeit dem Klara-Team zusammen mit ein paar beantworteten Fragen zuschicken. Das Klara-Ärzteteam entscheidet dann, wie mit dem Problem umzugehen ist. Der Kunde bezahlt 29 Euro und erhält innerhalb von 2 Tagen eine Bewertung. Die Krankenkassen übernehmen bisher keine Kosten, die Mehrzahl der Fälle soll von Übersee kommen (Müller 2014). Hier stellt sich natürlich unabhängig vom Fernbehandlungsverbot die Frage der Qualität; hierzu wird von der Technischen Universität München die Treffsicherheit der Diagnosen – besser Ersteinschätzungen – überprüft (Müller 2014).

Bewegungskrankheiten
Insbesondere auf das Parkinson-Syndrom und die Dystonie wird hier näher eingegangen.

Parkinson-Erkrankung Musiktherapie, bevorzugt die Marschmusik, wird seit vielen Jahren bei Parkinson-Patienten mit Gangschwierigkeiten eingesetzt (www.mit-musik-geht-reha-besser.de). Gegen das kleinschrittige Gangbild mit Engpasssyndromen bis hin zum On-Freezing helfen querkarierte Muster auf Gehwegen, Marschmusik oder Taktgeber wie zum Beispiel eine *App mit Metronom* auf dem Smartphone. Der elektronische Taktgeber ist kostenlos (Marder 2014). Beim On-Freezing hat sich auch der Anti-Freezing-Stock nach Prof. Jörg bewährt.

Kasuistik 5

App Metronom und Schrittzähler bei einem Parkinson-Kranken zur Erfassung der Beweglichkeit und Schrittlängenvergrößerung (Herr E., 65 Jahre)
Der 65-jährige Patient leidet seit 7 Jahren an einem Morbus Parkinson mit Ruhetremor, allgemeiner Bewegungsverarmung und gebundenem, zunehmend kleinschrittigem, vornüber gebeugtem Gangbild. Trotz der Kombinationstherapie mit L-Dopa, DDC- und COMT-Hemmern, Dopaminagonisten und MAO-B-Hemmern kam es im letzten Jahr zunehmend zu motorischen Fluktuationen mit Überbewegungen oder starker Akinese mit Gangblockaden. Herr K. entschließt sich daher zu einer tiefen Hirnstimulation (THS). Die Geschicklichkeit wurde nach der Schrittmacherimplantation deutlich besser, der Tremor war verschwunden, aber die Gangschwierigkeiten wurden deutlicher.

Beim Gehen auf dem Bürgersteig stellte er überrascht fest, dass sich beim konstanten Gehen **hinter** einem Gesunden sein Gangbild deutlich verbesserte. Die gleiche Erfahrung machte er beim Gehen **neben** einem Gesunden. Mithilfe seines Physiotherapeuten lud er sich dann eine Metronom-App auf sein Handy und konnte schnell über seine Hörverbindung bei 100/Minute eine deutliche Gangverbesserung erreichen.

Monate später hat er mit der App *Samsung Health* zur Schrittzählung auch ein tägliches Bewegungsprofil erstellen können, aus dem sein Neurologe auch passagere Bewegungsverlangsamungen im Abstand von der L-Dopa-Einnahme nach Art einer sogenannten End-of-Dose-Akinese feststellen konnte.

Solche Taktgeber und Metronom-Apps bewirken nicht nur eine Schrittverlängerung, sondern können auch die Zahl der Gehblockaden (Freezing-Phänomen) reduzieren. In schweren Fällen muss man auch andere Techniken auf optischer oder akustischer Grundlage einsetzen.

Im Gegensatz zu Smartphones und Fitness-Trackern mit Metronom-Apps haben kleine tragbare Computer (Wearables) eine ausgereiftere Technologie; Beispiele sind bestimmte Herzschrittmacher oder Hörgeräte. Die Technik basiert auf der Messung und Interpretation von Sensordaten, die Aussage über Körperfunktionen liefern. Für Patienten mit Parkinson-Erkrankung sind Sensoren entwickelt worden, die

die Bewegungen an der Hand oder an den Beinen erfassen. Mit einem kontinuierlichen Monitoring kann der Arzt möglicherweise schneller Veränderungen, wie zum Beispiel motorische Tagesschwankungen, wahrnehmen und therapeutisch sofort reagieren.

Ein bewährtes Wearable für Parkinson-Kranke ist der *Parkinson-KinetiGraph* (PKM-TM-Sensor). Mit diesem Bewegungsaufzeichner werden die Bewegungen mit Sensoren an den Hand- oder Fußgelenken erfasst. Das kleine Gerät – ähnlich einer 4 cm × 4 cm großen Armbanduhr – wird am Fuß- oder Handgelenk getragen und zeichnet alle Bewegungen auf. Aus der Analyse dieser Daten kann später der Arzt auf Bradykinese, Dyskinesie oder andere Symptome im Laufe des Tages schließen. Bei sicheren Hinweisen auf Schlafen über Tag oder End-of-Dose-Phasen können Änderungen der Medikation angezeigt sein. Der Parkinson-KinetiGraph kann den Patienten auch an seine Medikamenteneinnahme erinnern; die erfolgte Einnahme bestätigt dann der Patient oder seine Begleitperson per Knopfdruck. Das Gerät besitzt in den USA und der EU eine CE-Kennzeichnung (siehe www. parkinson-vereinigung.de und Leben mit Zukunft 2016).

Ein *Fingerring* kann beim Sturz seines Trägers automatisch per Bluetooth Hilfe herbeiholen. Er soll von älteren Menschen mit Sturzgefahr sowie Parkinson-Kranken viel eher akzeptiert werden als ein Notrufknopf (Neumann und Schmid 2017).

Eine logopädisch begleitete *Sprachdatenerfassung mit Apps* auf Smartphone, PC oder Tablets erlaubt die Diagnose einer Parkinson-Sprechstörung und die Therapie der monotonen, unmodulierten, langsamen Sprechweise. Ähnlich den Duolingo-Sprach-Apps zum Erlernen einer Fremdsprache spricht der Patient vorgenannte Wörter und wird sofort von seinem App-Lehrer korrigiert. Die zu geringe Lautstärke und die undeutliche Aussprache lassen sich mit einer Reihe von Apps trainieren; Stichworte für die App-Suche sind: „Schallpegelmesser", „dB level meter", „Sound Meter", „Speechcare", "Parkinson moveApp", „Voice Recorder" (Richter und Löscher 2014). Für weitere Hilfsangebote ist die Internetseite der Deutschen Parkinson Vereinigung zu empfehlen (www.parkinson-vereinigung.de).

In besonderen Fällen hat sich die ärztliche *häusliche Videobegleitung* für Parkinson-Patienten als hilfreich erwiesen. Im Gegensatz zur Telemedizin, bei der Arzt und Patient zur gleichen Zeit, aber an verschiedenen Orten in Kontakt treten, schaltet der Patient in seiner Wohnung bedarfsweise seine Videokamera ein. Nur er entscheidet, wann er die Kamera anstellt. Dies gilt für die Durchführung von Übungsanweisungen, aber auch für die

Videoaufnahme von motorischen Störungen, die plötzlich und unerwartet auftreten können und diagnostisch schwer zuzuordnen sind. Auch Schwankungen im Bewegungsablauf lassen sich so dokumentieren.

Die Firma MVB (Medizinische Videoüberwachung Koblenz) stellt die Videoeinheit mehrere Wochen dem Patienten zur Verfügung. Die standardisierten Videodokumentationen werden an die behandelnden Ärzte über das Telefonnetz oder WLAN weitergeleitet. Bei der Nutzung eines Parkinson-Netzwerkes können gleichzeitig auch der niedergelassene Neurologe und die Universitätsklinik Fallkonferenzen abhalten. Die meisten gesetzlichen und privaten Krankenkassen übernehmen die Kosten, weil mit dieser drei- bis vierwöchigen Überwachung zu Hause elektive Krankenhausaufenthalte vermieden werden können (Groiss 2017).

Jeder erfahrene Neurologe weiß von Parkinson-Kranken zu berichten, deren medikamentöse Einstellung in der Klinik gut gelingt, zu Hause aber schnell wieder der alte Zustand erreicht wird. Hier ist die Einstellung unter häuslichen Bedingungen das Geheimnis des Erfolges. Denn über das Videomonitoring zu Hause kann der Arzt die Therapie individuell an die häusliche Situation anpassen. Die Erfahrungen sind für den Parkinson-Experten Prof. Schnitzler (Universität Düsseldorf) „extrem positiv" (Krüger-Brand 2015b) (Details siehe www.karlheinbrass.com oder www.parkinsonspezialisten.de).

Dystonie Dystonie-Patienten können mit einem elektronischen Tagebuch den Verlauf dokumentieren sowie visualisieren und so dem Arzt Hinweise auf eine bessere Therapie geben. Entwickelt wurde diese Hilfe von der Patientenorganisation Dystonia Europe. Die App ist kostenlos zu erhalten unter www.mydystonia.de oder im Apple Appstore.

Synkopendiagnostik

Zur Diagnostik von Synkopen unklarer Genese eignet sich das *Vitaphone-EKG*. Dieses kleine Hand-EKG legt sich der Patient bei einer zu erwartenden Attacke selbst an, sodass er selbst im entsprechenden Moment ein EKG aufzeichnen kann. Die Dokumentation wird dann per Telefon in die Arztpraxis geschickt.

Der Kardiologe Klaus Dominick berichtet von einem 56-jährigen Patienten, der auf Weihnachtsmärkten am Glühweinstand immer „Herzklabaster" bekommen habe. Sein Verdacht einer durch Alkohol ausgelösten Herzrhythmusstörung, das sogenannte Holiday-Heart-Syndrom, konnte er erst mithilfe des Vitaphone-EKG sichern (Dominick 2015).

Telemonitoring in der Kardiologie

Telemonitoring-Verfahren ermöglichen die Untersuchung und Überwachung von Patientendaten über Telemetriesysteme. Die drahtlose Datenübermittlung der medizinischen Vitalparameter erfolgt an eine Praxis oder Klinik. Die Bewertung der übertragenen Vitalparameter kann auch zeitversetzt erfolgen. Im Falle eines lebensbedrohlichen Zustandes wird automatisch der Notdienst alarmiert.

Die verschiedenen Telemonitoring-Verfahren ermöglichen eine bessere Versorgung chronisch Herzkranker im ländlichen Raum. Hierzu zählen Patienten mit Herzinsuffizienz, Herzrhythmusstörungen, Blutdruck- oder Gerinnungsproblemen, Diabetes und kardialen Implantaten.

> Telemonitoring erlaubt die Überwachung und Nachsorge von Patienten mit implantierten Schrittmachern, Defibrillatoren (ICD) und kardialen Resynchronisationssystem en (CRT).

Dieses sogenannte Home Monitoring führt zu einer Steigerung der Lebensqualität der Patienten bei gleichzeitiger Verbesserung ihrer fachärztlichen Betreuung (Müller et al. 2013). Nach der IN-TIME-Studie führt die telemonitorische Nachsorge auch zu einer reduzierten Mortalität (Groh 2017).

Defibrillator und CRT-System Die zwölfmonatige Nachsorge von Patienten mit einem Defibrillator oder CRT-System ist telemedizinisch mit Fernabfragen ohne persönliche Kontaktaufnahme genauso gut wie eine Standardüberwachung mit vierteljährlichen persönlichen Arzt-Patienten-Kontakten. Somit sind fernüberwachte ICD/CRT-D-Systeme (D = Defibrillator) mit über 12 Monaten erfolgten Fernabfragen ohne persönliche Kontakte den konventionellen Nachsorgen mit persönlichen Patientenkontakten nicht unterlegen (Loges 2015). Bei gleichem Ergebnis führen die telemedizinischen Überwachungen aber zu einer Reduktion der Praxis- und Klinikbesuche und damit zu einer Kostenersparnis.

ICD-Nachsorgen wurden daher als erste telemedizinische Leistung ab dem 1. April 2016 in den EBM unter der neuen Gebührenordnungsposition (GOP) Nr. 13554 aufgenommen.

Damit können immer mehr Zentren diese Patienten mit Telemonitoring in Kombination mit Datenvisualisierung nachsorgen (Schwab 2016).

Die Fernüberwachung der Patienten mit kardialen Implantaten wie Schrittmachern oder ICD-Aggregaten führt zu einer bis zu 30 %igen Reduktion der stationären Wiederaufnahmen.

Der Nutzen des Telemonitoring zeigt sich auch beim Follow-up von Patienten mit *Ablatio wegen Vorhofflimmern*. Der frühe Nachweis von Arrhythmien macht eine raschere therapeutische Reaktion möglich, bei unauffälligen Befunden erübrigen sich unnötige Arztbesuche und zahlreiche Gerätekontrollen.

Herzinfarkt Patienten nach einem oder zwei Herzinfarkten können in ländlichen Regionen ohne Arztpraxis kaum noch ihren Ruhestand genießen. Um der Angst vor einem dritten Herzinfarkt zu begegnen, kann ihm ein technischer Gesundheitspartner – in seinem Falle ein Smartphone plus spezieller App – zur Seite stehen. Mit einem 50 g schweren digitalen EKG-Gerät in Kombination mit einem Smartphone kann der Patient seinen Gesundheitszustand jederzeit überprüfen. Bei Unwohlsein oder Herzpalpitationen tippt er die App an, in der sein Referenz-EKG gespeichert ist. Innerhalb von einer Minute kann die Anwendung eine Abgleichung mit seinen aktuellen Werten vornehmen. Er sieht dann sofort das Ergebnis der Abgleichung, gleichzeitig wird jedes abgeleitete EKG immer auch an seinen Hausarzt geschickt. Dieser prüft das aktuelle EKG zeitversetzt und kann bedarfsweise seinen Patienten telefonisch oder per E-Mail benachrichtigen.

Jens Beermann, Gründer von Cardiago und Kardiologe aus Hamburg, bietet ein solches in der Hosentasche tragbares Mini-EKG an und garantiert dem Patienten für eine Mitgliedsgebühr eine weltweite bedarfsweise Überwachung und Beratung an (Müller 2014).

Chronische Herzinsuffizienz und Herzrhythmusstörung Bei der Versorgung älterer Menschen mit chronischer Herzinsuffizienz (CHF) und Herzrhythmusstörungen sind in ländlichen Regionen neue Lösungen gefragt. Das Telemedizinzentrum am Westpfalz-Klinikum in Kaiserslautern hat 66 ältere Patienten mit Bluetooth-fähigen Blutdruckmessgeräten, Herzfrequenzmessern und Körperwaagen ausgestattet (Wenzelburger 2015). Alle Patienten lernten den Umgang mit einem Mobiltelefon, um die anfallenden Daten täglich in eine spezielle CHF-Software zu übertragen. Bei jedem Patienten wurden individuelle Grenzwerte für Blutdruck, Herzfrequenz und Körpergewicht festgelegt und einprogrammiert. Überschreitungen der Grenzwerte lösten einen Alarm in der Software und am Bildschirm aus und führten zu einem raschen Anruf beim Patienten. Der Arzt des Telemedizinzentrums hat je nach Ergebnis es dann bei einem Gespräch belassen oder geraten, den Hausarzt oder den Notarzt zu verständigen. Die Ergebnisse dieser Studie waren nach 6 Monaten ermutigend, da nicht nur ein erhöhtes Sicherheitsgefühl bei den Patienten erreicht wurde, sondern sich auch objektive Parameter wie Abnahme der Herzfrequenz oder der Depressions-Scores besserten.

Hintergrundinformation
Vergleichbare positive Ergebnisse erbrachte die CardioBBEAT-Studie an 621 Patienten mit chronischer Herzinsuffizienz (Völler 2017). Dabei wurden über das interaktive bidirektionale Home-Telemonitoring-System MOTIVA die vom Patienten erhobenen Werte für Körpergewicht, Blutdruck und Herzfrequenz dem Telemedizinzentrum täglich übermittelt.

Seit 2013 läuft an der Charité in Berlin am Zentrum für kardiovaskuläre Telemedizin eine der weltweit größten Studien zur telemedizinischen Versorgung von Patienten mit chronischer Herzinsuffizienz. Nach der Entlassung nach Hause müssen die Patienten täglich auf die Waage steigen, über 2 Minuten ein mobiles EKG anschließen und den Blutdruck messen. Die Werte werden sofort ins Zentrum übermittelt. Die Ergebnisse zeigen, dass in ländlichen Gebieten mithilfe der Telemedizin der Kardiologe in solchen Fällen ersetzbar wird.

Dekompensierte Herzinsuffizienz In Holland läuft seit 2009 das Programm *Chance@Home* für mittlerweile über 4000 Patienten mit dekompensierter Herzinsuffizienz (van der Velde 2017). Statt der sonst üblichen stationären Behandlung erfolgt die Versorgung zu Hause durch eine telemonitorisch unterstützte spezialisierte „Heart Failure Nurse". Sie besucht den Patienten täglich oder mindestens jeden zweiten Tag zu Hause. Die „Heart Failure Nurse" ist mit einem Kardiologen 24 Stunden 7 Tage in Kontakt; zur Bewertung stehen alle erhobenen Vitalparameter wie Sauerstoffsättigung, Blutdruck und EKG kontinuierlich zur Verfügung. Als spezialisierte Versorgungsassistentin kann sie in Absprache Laborwerte abnehmen und Diuretika oder Dopamin i.v. applizieren. Dank dieses Programmes ist die Patientenzufriedenheit gestiegen, die in der Klinik häufigen Altersdelirien sind ganz ausgeblieben, die Infektionsraten zurückgegangen und die Versorgungskosten sind gefallen (von 300 Euro stationär pro Tag auf 100–110 Euro ambulant pro Tag).

Stentimplantation und Klappenersatz Antikoagulation nach Stentimplantation oder Klappenersatz kann leicht zu Komplikationen wie Blutungen oder Thromboembolien führen. Mit der *App DAPT Advisor* erhält der behandelnde Arzt Hilfe bei der Auswahl der passenden Medikamente und der Therapiedauer. Es geht dabei sowohl um die Antikoagulation als auch die duale Plättchenhemmung. Die App wurde von Kardiologen der Universitätsklinik Schleswig-Holstein entwickelt und kann unentgeltlich unter www.dapt-info.com bezogen werden.

eCoaching bei COPD
Patienten mit der Atemwegserkrankung COPD profitieren in dem Projekt *A.T.e.m.* von ihrem telemedizinischen Begleiter, der unter anderem den Sauerstoffgehalt im Blut misst und über eine Telefonleitung an ein Zentrum zur weiteren Beratung weiterleitet. Letztlich erhält der Patient nach Austausch einiger Fragen eine Therapieempfehlung.

Handschuh-Monitoring
Die indische Firma Terra Blue XT hat einen Handschuh namens *TJay* entwickelt, der mit Sensoren ausgestattet ist. Diese messen die Temperatur, Hautleitfähigkeit, Blutdruck und Sauerstoffsättigung. Etwas Ähnliches bietet die Firma Philipps an, sodass auf Station ein Pfleger viele Patienten gleichzeitig überwachen kann.

Monitoring für Diabetiker
Die tägliche Selbstmessung des Blutzuckers und ihre Dokumentation machen in Deutschland rund 7,5 Millionen Menschen mit einem Diabetes mellitus. Gibt man seine Werte in eine App des Smartphones ein, kann der behandelnde Arzt jederzeit Einblick in die Befunde nehmen und bei Bedarf telefonisch beraten.

Die Selbstmessung mit digitaler Verarbeitung und Arztüberwachung erfährt eine weitere Steigerung mit dem Einsatz von Sensorchips. Der Sensorchip *Freestyle Libre* der Herstellerfirma Abbott wird wie eine Art Stempel vom Arzt nach Hautdesinfektion auf die Oberarmhaut aufgesetzt. Dieser weiße, mantelknopfgroße Sensorchip misst mit einem feinen, in die Haut ragenden Fühler völlig schmerzfrei den Zuckergehalt im Zwischengewebe. Der Vorteil ist, dass bis zum nächsten Chipwechsel in 2 Wochen sich der Patient nicht ein einziges Mal mehr in den Finger stechen muss. Zum Auslesen der Daten bewegt man einen handgroßen Scanner über den Sensor. Chips anderer Hersteller haben den Vorteil, dass sie die Werte direkt auf deren Smartphone schicken können; deren Nachteil ist die täglich nötige Kalibrierung (Maier-Borst 2016). Ärzte können mit dieser Technik auch erstmals die Zuckerwerte während des Sports, in der Nacht oder beim Essen messen und so noch besser die Behandlung justieren.

In Zukunft ist zu erwarten, dass der Patient die gemessenen Zuckerwerte direkt auf sein Handy geschickt bekommt und er dann die Insulin- und Nahrungszufuhr selbstständig anpassen kann.

Adipositas-Behandlung

Das „Active Body Control"-Programm (ABC) (www.abcprogramm.de) nutzt die Schwenninger Krankenkasse im Kampf gegen die Adipositas mit eigenen Gesundheitsberatern. Es basiert auf Telemonitoring und Telecoaching. Dabei erfasst ein Minicomputer am Gürtel des Patienten alle Bewegungsarten, fragt seine Ernährung ab und überträgt die Daten per Internet zu einem ABC-Betreuer. Wöchentlich erhält der Patient über 6 Monate ein Informations- und Motivierungsschreiben von seinem Gesundheitsberater. Die Abnehmkurven der 160 Patienten sind beeindruckend. Auch für Patienten mit Indikation zur bariatrischen Operation konnte durch Teilnahme am ABC-Programm eine Gewichtsreduktion in gleicher Höhe erreicht werden, wie es auch durch Anlage eines Magenbandes erwartet wird.

Die Zweijahresergebnisse des ABC-Programmes sind so ermutigend, dass nun auch *Inkontinenz- und Senkungsleiden bei adipösen Frauen* einbezogen werden (Luley und Isenmann 2016).

Psychische Erkrankungen

DGPPN-App für Psychiater und Psychotherapeuten Die Deutsche Gesellschaft für Psychiatrie und Psychotherapie, Psychosomatik und Nervenheilkunde (DGPPN) hat eine Anwendung für mobile Endgeräte, wie beispielsweise Smartphones, herausgebracht, die ein kompaktes Nachschlagewerk für psychiatrische Notfallsituationen enthält. Mit dieser App (www.dgppn.de) ist für Fachärzte, aber auch Patienten immer ein praktisches Expertenwissen zugänglich. Auch sind Wissenstests, ein BMI-Kalkulator und ein Promillerechner integriert.

Arya Companion Die App *Arya Companion* bietet unter info@aryaapp.de kostenfrei eine Erleichterung für psychisch Kranke, insbesondere bei Depressionen, an. Neben einem Tagebuch werden eine Emotionsskala und eine Liste von Befindlichkeiten angeboten; ein Datenaustausch mit dem Therapeuten ist möglich.

Ärztliche Online- oder Telefonberatung

In Deutschland dürfen Ärzte nur solche Patienten telefonisch behandeln, denen sie vorher mindestens einmal *persönlich* in die Augen gesehen haben. Eine ärztliche Behandlung ausschließlich über Kommunikationsnetze – also per Telefon oder online als Videoanruf – ist nach § 7 Abs. 4 der Berufsordnung der BÄK bisher nicht erlaubt. Die Berufsordnungen sind Ländersache. Eine Öffnung des ausschließlichen Fernbehandlungsverbotes besteht seit Mai 2018.

Hintergrundinformation

In Baden-Württemberg ist als Modellprojekt seit dem 16. April 2018 für Privat- und Kassenpatienten eine ärztliche Behandlung ausschließlich über Kommunikationsnetzwerke erlaubt. Die organisatorische Leitung hat das Münchner Start-up Teleclinic. Neben dem normalen Telefonkonsil wird der Kontakt über App oder online angeboten, um Wünsche der Patienten nach Diagnosen, Rezepten und insbesondere Arbeitsunfähigkeitsbescheinigungen erfüllen zu können (Balzter 2017a). Der Telearzt erhält 25 Euro je Beratung, das elektronische Rezept wird nur bei Privatversicherten erprobt (Einzelheiten siehe unten und Abschn. 3.1.1).

Ist eine taggleiche persönliche Vorstellung bei einem Arzt nötig, stehen PEP-Praxen (PEP = patientennah erreichbare Portalpraxen) bereit.

Einzelne Krankenkassen wie die GKV Barmer bieten auf Wunsch ihren Patienten bei der Beurteilung einer geplanten ärztlichen Maßnahme einen *Teledoktor* an. Dieser bespricht telefonisch mit dem Patienten den Sachverhalt, bewertet die vorgelegten Dokumente und vermittelt dann auch die Einholung einer Zweitmeinung von einer unabhängigen, meist universitären Fachabteilung.

Medgate Der Dienst arbeitet in Basel/Schweiz als „ärztliches Callcenter" seit 2001 mit großem Erfolg. Es werden im Durchschnitt 2000–5000 Patienten am Tag per Telefon behandelt. Das Portal ist rund um die Uhr erreichbar. Medizinische Fachangestellte schreiben die Beschwerden und Symptome ins System, prüfen eingeschickte Fotos beispielsweise von Hautveränderungen oder MRT-Bilder und kündigen den Rückruf wenige Minuten später an (Balzter 2017b).

Für die rückrufenden Medgate-Ärzte werden alle mitgeteilten Daten von den Fachangestellten aufgearbeitet. Der Rückruf erfolgt dann von einem der rund 100 angestellten Ärzte. Ein Teil der Ärzte arbeitet von zu Hause aus, teilweise auch aus Baden-Württemberg. Alle Ärzte haben 3 Bildschirme vor sich, einen für die interne medizinische Datenbank, einen für das Internet und einen für die Arzt-Patienten-Kommunikation.

Hintergrundinformation

Damit wird die Alltagsmedizin mit den Methoden des Internets modernisiert und den Patienten nach einer Durchschnittszeit von 4 Minuten für die Aufarbeitung und 6 Minuten für die ärztliche Beratung geholfen. Der gefürchtete Horrortrip in überfüllten Wartezimmern findet nicht mehr statt. Über die Hälfte der Anrufer erhalten eine Diagnose, ein Rezept und ggf. eine Arbeitsunfähigkeitsbescheinigung. Die andere Hälfte wird zum Haus- oder Facharzt weitergeschickt.

Die Zufriedenheit der Patienten wird in Befragungen bestätigt. Über 20 Schweizer Krankenversicherungen übernehmen von ca. 40 % aller Schweizer Krankenversicherten bereits die Kosten.

Dr. Ed Das Londoner Unternehmen Health Bridge Limited bietet die Online-Sprechstunde *Dr. Ed* auch in deutscher Sprache an. Jeden Tag holen sich rund 400 der täglich bis zu 2000 Patienten Rat aus Deutschland. Die Kommunikation erfolgt mit Ärzten in aller Welt mittels einer Sprechstunde via Telefon, per E-Mail, Video oder in der großen Mehrzahl per Online-Fragebogen. Die Ärzte beraten und behandeln den Patienten, bieten Zweitmeinungen an und stellen Folgerezepte aus. Aber Dr. Ed berät in seinem virtuellen Sprechzimmer nur Selbstzahler; Hauptdiagnosen sind Blasenentzündungen, Allergien, Haarausfall, Mückenstiche bei Kindern oder simpler Durchfall. Fast alle Patienten wollen ein Rezept per Post oder digital an eine Versandapotheke (Müller 2016). Dr. Ed steht rund um die Uhr an 7 Tagen in der Woche für die medizinische Beratung zur Verfügung.

In USA bieten Ärzte für eine Pauschale von 40 Dollar eine *Online-Visite* an. Die Versicherten wählen ihre Krankenkasse danach aus, ob sie solche Online-Sprechstunden vergüten. „Moderne" Ärzte werden in USA angehalten, digital mit ihren Patienten zu kommunizieren.

Das Potenzial solcher Online-Sprechstunden schätzt man auf bis zu 25 % aller nicht notfallmäßigen Arztbesuche.

Solche virtuellen Sprechzimmer entlasten Wartezimmer. Sie sollten für jeden Arzt und Patienten nicht nur in der Weiterbehandlung eine Option sein. Das bisherige Verbot der ausschließlichen Fernbehandlung stammt ursprünglich von einem Reichsgesetz von 1927, das zur Bekämpfung von Geschlechtskrankheiten diente. Dieses Relikt passt nicht mehr in die heutige Zeit.

TeleClinic Die TeleClinic-München gilt als Modell der ambulanten Versorgung (www.teleclinic.com). Die allgemeine ärztliche Beratung durch ein Netzwerk von bundesweit über 100 Fach- und Allgemeinärzten erfolgt von 6.00 bis 23.00 Uhr (Meier 2017). Termine für Video oder Telefon gibt es noch am gleichen Tag. Im Schnitt dauert ein Gespräch 12 Minuten. Drei Viertel nutzen nur das Telefon, in der Mehrzahl wird eine Zweitmeinung erbeten. Das Angebot kommt gut an, obwohl es den TeleClinic-Ärzten gesetzlich nicht gestattet ist, abschließende Diagnosen zu stellen oder Rezepte auszugeben. Bis zu 150 Patienten von derzeit 5 kooperierenden Krankenversicherungen nutzen den Service täglich (Meier 2017). Die gesetzlichen Krankenkassen ersetzen nur in Ausnahmefällen die Unkosten, so die Techniker Krankenkasse im Rahmen eines Modellprojektes. Bei der privaten Barmenia-Versicherung sind bereits über 1400 Nutzer registriert (siehe hierzu auch Abschn. 3.1.1).

Kasuistik 6

Telefonberatung bei Patientin mit akuter beidseitiger Erblindung und Arteria-basilaris-Spitzen-Syndrom (Frau F., 67 Jahre)
Die Patientin hatte sonntags nachmittags plötzlich einen kompletten Sehverlust an beiden Augen bemerkt. Der Ehemann rief sofort die Notrufnummer 112 an. Am Telefon fragte der Feuerwehrmann nach Begleit- und Vorerkrankungen. Dabei erfuhr er, dass die Patientin in den Tagen zuvor 2- bis 3-mal einige Minuten anhaltenden Schwindel mit Doppeltsehen bemerkt hatte. Sofort wurde der Notarztwagen zur Patientin geschickt. Gleichzeitig informierte der Feuerwehrmann den Notarzt der Notfallaufnahme am Klinikum.

Nach Rücksprache mit Augenarzt und Neurologen wurde der Verdacht eines Arteria-basilaris-Spitzen-Syndroms vermutet. Der Neurologe alarmierte seinen Neuroradiologen, damit im cCT die Lysevorbereitungen schon vor Eintreffen der Patientin erfolgen.

Im Rahmen der Diagnostik vor der geplanten arteriellen Lyse wurden eine Angio-CT und diverse Blutuntersuchungen durchgeführt, auch um keine Riesenzellarteriitis mit Beteiligung der Augengefäße zu übersehen. Nach dem Nachweis des Verschlusses in Höhe der Basilaris-Spitze erfolgte die Lyse. Darunter konnte Frau F. nach einer Stunde wieder fast normal sehen.

Der Feuerwehrmann hat bei der Annahme des Notanrufes des Ehemannes auf einen Videoanruf zur Bewertung einer eventuell begleitenden Gesichtslähmung verzichtet, um keine Zeit zu verlieren (Motto „time is brain"). Aus den Angaben der kompletten Erblindung schloss er richtigerweise auf ein Betroffensein des beidseitigen Sehzentrums; dieser Verdacht wurde durch die Angabe der vorangegangenen Schwindelsymptomatik mit Doppeltsehen noch verstärkt. Diese Telefonberatung durch einen hochkompetenten Notfallassistenten hat zum Gelingen der Wiedererlangung der Sehfähigkeit ganz entscheidend beigetragen.

2.1.3 Notfallmedizin

Im Notfall zählt jede Minute nach dem Motto „time is brain". Die digitale Technik mit Apps, Videotelefon, Telemonitoring und teleradiologischem Konsil macht die Notfallmedizin schneller und erfolgreicher.

2.1.3.1 App-basierter Rettungsdienst

Europaweit sterben jährlich 350.000 Menschen nach erfolgloser kardio-pulmonaler Reanimation. Ca. 75.000 Menschen erleiden jährlich in Deutschland einen Herz-Kreislauf-Stillstand. Die großzügige Vorhaltung von automatischen externen Defibrillatoren hat nach Meinung des Berliner Kardiologen Prof. Dr. Hans-Richard Arntz die Reanimationsergebnisse von 16 % in Deutschland nicht verbessert. Nur etwa 5000 dieser Patienten können in Deutschland mit gut erhaltener neurologischer Funktion entlassen werden (Bein et al. 2017).

In Deutschland benötigt der Rettungsdienst bis zu 9 Minuten zu einem Einsatzort, auf dem Lande noch mehr. Bei einem Herz-Kreislauf-Stillstand sinkt die Überlebenschance um 10 % pro Minute. Jeder Rettungsdienst hat die Aufgabe, diese „No-Flow-Zeit" für die lebenswichtigen Organe (Gehirn, Herz, Niere) zu minimieren.

In einem Modellversuch in Gütersloh wurde beim Eingehen eines Notrufes bei der Leitstelle sowohl der Rettungswagen alarmiert als auch per Computer geprüft, ob kompetente mobile Helfer in der Nähe sind. Diese werden per GBS geortet und mit einem besonderen Ton auf ihrem Smartphone alarmiert. Sie können dann entscheiden, ob sie einsatzbereit sind.

Nimmt ein Helfer den Hilferuf an, kann er bereits vor dem Rettungswagen vor Ort sein und mit der Reanimation beginnen. Bisher sind mehr als 350 mobile Retter ehrenamtlich unterwegs, eine Einweisungsschulung ist obligat. Die ersten Ergebnisse sind vielversprechend (Aumiller 2015).

Mobile Retter Das Alarmsystem *mobile-retter.de* ortet dank Smartphone-App den möglicherweise vor Ort befindlichen Ersthelfer. Das System soll in Zukunft dank der Unterstützung des Vereins Mobile Retter bundesweit mit allen Notrufzentralen verbunden werden. Es benachrichtigt Ersthelfer in der Nähe des Notfallortes und navigiert ihn nach Alarmierung zum Unfallort. Ersthelfer können Ärzte, Krankenpfleger, Sanitäter oder Feuerwehrleute sein (Dtsch Ärztebl 2017). Mobile Retter brauchen im Schnitt nur 4 Minuten zum Einsatzort. Das Pilotprojekt aus Gütersloh hat ihr Einsatzgebiet mittlerweile auf 8 deutsche Regionen ausgeweitet, die achte Leitstelle liegt in Essen. Mehr als 3700 aktive mobile Helfer haben bisher mehr als 3000 Einsätze absolviert. Durch die Auslösung des Alarmes über die Leitstelle kann immer die optimale Route des Einsatzfahrzeuges geplant und der Telenotarzt bereits während der Versorgung des Patienten durch den Ersthelfer vor Ort informiert werden (Bein et al. 2017).

Ersthelfer-App Eine Ersthelfer-App erfasst im Rahmen einer Studie an der Uni Lübeck in Kooperation mit der European Heart Rhythm Association (EHRA) über 650 Ersthelfer. Alle Helfer sind geschult und werden bei Eingehen eines Notrufes in der Leitstelle gleichzeitig mit dem Rettungswagen über die Ersthelfer-App in Marsch gesetzt. Die Lokalisation der in der Nähe befindlichen Helfer erfolgt automatisch per GPS. Bei den bisherigen Echteinsätzen waren in jedem dritten Fall die Ersthelfer mehr als 3 Minuten vor dem Rettungsdienst am Notfallort (Grätzel 2017).

2.1.3.2 Schlaganfall-App

Mithilfe einer Schlaganfall-App der Stiftung Deutsche Schlaganfall-Hilfe kann jede Person sofort seinen Verdacht auf Schlaganfall überprüfen. Der *FAST-Test* – audiobegleitet in 3 Sprachen – erlaubt aktuell die Prüfung der Gesichtsmimik, Arm- und Beinkraft sowie der Sprachfunktion; danach kann durch einen Tastendruck der Notruf 112 ausgelöst werden. Dieser Notruf funktioniert auch aus dem Mobilnetz in allen 28 EU-Staaten (Details siehe www.schlaganfall-hilfe.de).

2.1.3.3 Teleradiologisches Konsil

Kasuistik 7

Akutes Mediasyndrom embolischer Genese mit Thrombektomie nach neuroradiologischem Telekonsil (Frau J., 73 Jahre)
Frau J. spürt am 11. Februar 2017 um etwa 18.20 Uhr im Wohnzimmer nach dem Aufstehen ein plötzliches Schwindelgefühl. Sie stürzt auf die linke Körperseite. Im Liegen merkt sie, dass sie nicht richtig um Hilfe rufen kann. Ihr Versuch, sich zum Sofa zu robben, misslingt.
   Nach etwa 5 Minuten kommt der Ehemann ins Wohnzimmer und stellt fest, dass seine Frau die linke Körperseite nicht bewegen kann, sie eine Kopf- und Blickwendung nach rechts hat und der linke Mundwinkel herabhängt. Er sagt ihr, es bestehe der dringende Verdacht auf einen Schlaganfall. Egal, ob es sich dabei um eine Blutung oder eine Durchblutungsstörung handele, es müsse

jetzt schnell gehen, damit sich das Gehirn noch erholen kann. Trotz Abwehr der Ehefrau ruft er per 112 den Krankenwagen und gibt an, dass es wegen des Verdachtes auf Schlaganfall schnell gehen müsse.

Nach etwa 6 Minuten trifft der Krankenwagen ein. Die beiden Sanitäter machen sich kurz ein Bild von der auf der rechten Seite liegenden Patientin. Dann wird die Transportliege hereingeholt und die Patientin umgehend zur 7 km entfernten neurologischen Klinik transportiert. Während des Transportes erfolgt die Anlage eines venösen Zuganges und eines Monitors zur kontinuierlichen Messung von EKG, Puls, Blutdruck und Sauerstoffsättigung.

Einer der beiden Sanitäter informiert telefonisch die Notaufnahme der Klinik über den Verdacht eines Schlaganfalles, sodass hier schon das CT frei gemacht werden kann. Durchgegeben werden die Monitorwerte für EKG, Blutdruck, Puls, Oxymetrie und Atmung.

In der Notaufnahme steht die diensthabende Ärztin bereit. Sie erhebt den neurologischen Halbseitenbefund mit brachiofazial betonter Hemiparalyse, bestätigt die Verdachtsdiagnose und veranlasst ein CT des Kopfes zur Differenzierung „Blutung oder Durchblutungsstörung". Die Leeraufnahme zeigt keine frischen Blutungszeichen, wohl aber in Höhe der rechten Arteria cerebri media ein Verdichtungszeichen gut erbsengroß im Sinne eines hyperdensen Mediazeichens. Dies ist Hinweis für einen lokal entstandenen Thrombus oder Zeichen einer Emboli mit Verschluss an der Kreuzungsstelle der rechten A. cerebri media. Es erfolgt nun eine Kontrastmittelgabe in die rechte Armvene zur Darstellung der Hirngefäße. Dabei zeigt sich bei sonst guter Darstellung aller Hirngefäße ein isolierter Verschluss im Bereich der rechten A. cerebri media.

Die Neurologin erklärt den Sachverhalt und erhält die Zustimmung des Ehemannes für den Beginn einer systemischen Lyse. Seine Frau ist jetzt nicht entscheidungsfähig, er selbst besitzt von ihr eine Vorsorgevollmacht im Rahmen einer Patientenverfügung.

Die diensthabende Ärztin hat zu Recht die Sorge, dass die Lyse mit 56 mg i.v. in 60 Minuten nicht den recht großen Thrombus auflösen kann, obwohl der Lysebeginn um ca. 19.40 Uhr erfolgte. Sie informiert telefonisch den Neuroradiologen in der 30 km entfernt gelegenen Universitätsklinik über den Sachverhalt.

Es erfolgt ein *teleradiologisches Konsil* nach dem Verschicken aller erfolgten CT-Bilder über das Internet. Anschließend wird vereinbart, dass nach Abschluss der Lyse bei unzureichender Symptombesserung sofort der Notfalltransport zur Thrombektomie erfolgen soll.

Am Ende der Lyse um 20.40 Uhr zeigen sich spontane Streckmyoklonien im linken Arm und das linke Bein kann wieder etwas bewegt werden. Die Mundwinkelschwäche hat sich im Gegensatz zur Blickwendung nach rechts nicht gebessert. Es erfolgt sofort der Transport zur Universitätsklinik Düsseldorf, wo bereits alle Vorbereitungen zur Katheterbehandlung erfolgt sind. Um 21.15 Uhr erfolgt die Aufklärung und die arterielle Punktion der rechten Leiste. Der Katheter wird von hier aus unter Durchleuchtungsbedingungen durch die Aorta hochgeschoben und anschließend rutscht die Katheterspitze in die rechte A. carotis communis. Den rechten Hals hoch erreicht die Katheterspitze den Thrombus in ca. 20 cm Entfernung. Hier kann der Thrombus – schon äußerlich etwas durch die Lyse gelockert – am Katheter befestigt und herausgezogen werden.

Um 22:00 Uhr erhält der Ehemann die Nachricht der diensthabenden Neurologin, dass die linksseitige Hemiparese sich zurückgebildet hat.

Ein teleradiologisches Konsil war im Falle der Kasuistik 7 die Beratung des behandelnden Neurologen durch einen externen Neuroradiologen anhand der erhobenen Angio-CT-Bilder. Der Neuroradiologe von der 30 km entfernten Universitätsklinik konnte online die Indikation zur Katheterembolektomie stellen, nachdem die eingeleitete systemische Lyse keine relevante Besserung des nachgewiesenen Mediaverschlusses erbracht hatte.

2.1.3.4 Telemonitorische Versorgung im Notarztwagen

Die Entwicklung von der teleradiologischen Beratung zu einer telemedizinischen Versorgung für Schlaganfallpatienten hat in Süd-Ost-Bayern zu einer deutlichen Verbesserung der Prognose geführt. Bei dem 2003 begonnenen TEMPIS-Projekt wurden die Befunde von der Erstuntersuchung im Wohnzimmer und im Krankenwagen elektronisch an das Notfallzentrum durchgegeben. So konnte sich das Notfallzentrum bestens auf den Notfall vorbereiten. Befand sich in der angefahrenen nächst gelegenen Akutklinik keine neurologische Kompetenz, wurde mit Ausbau des Projektes dafür gesorgt, dass eine Videokonferenz zu einer neurologischen Klinik mit überregionaler Stroke Unit geschaltet wurde. Damit konnte vor Ort per Video der Patient von dem zugeschalteten Neurologen untersucht und je nach Bedarf eine Weiterverlegung oder alternativ die Behandlung vor Ort mit Lyse etc. vorgenommen werden (Audebert 2017; weitere Details unter anderem der Televideokonferenz siehe Abschn. 3.1.1).

In den letzten Jahren sind in weiteren Standorten in Deutschland in den Rettungswagen telemedizinische Systeme zur präklinischen Voranmeldung etabliert worden. So können noch während des Transportes zur Klinik EKG, Sauerstoffsättigung, Blutdruck, Blutzucker etc. durchgegeben werden, was besonders die Erstversorgung und Voranmeldung in der Akutklinik vor Ort beschleunigt (Soda et al. 2017).

Sowohl die präklinischen Rettungszeiten als auch die innerklinischen Prozesse sind dank des Telemonitorings beschleunigt worden. Die „Door-to-CT"-Zeit hat sich von 52 Minuten im Jahre 2005 auf 16 Minuten im Jahre 2013 verkürzt. Als Folge davon konnten die Lysezahlen beim Schlaganfall erhöht werden, allerdings bei gleichbleibender Mortalität (Soda et al. 2017).

2.2 Zukunftsmodelle der elektronischen Vernetzung

Das Smartphone hat nach Ansicht des Bloggers Sascha Lobo unsere Gesellschaft als „Kristallisationspunkt des Lebens" erobert (Lobo 2017). So ist das Smartphone für die Hand der Patienten das, was das Stethoskop des Arztes im 20. Jahrhundert war. In Zukunft werden neben den vielen neu entwickelten Sensoren und Gesundheits-Apps auch Bilderkennungs- und Spracherkennungs-Apps unser Leben bestimmen. Es bleibt aber abzuwarten, ob es ein Erfolg ist, wenn man aus dem Foto einer Mahlzeit per Google-App den Kalorien- und Nährstoffgehalt berechnen kann (siehe auch Abschn. 5.2).

2.2.1 App- und Sensorenentwicklung

Sensoren zur Erfassung der Motorik werden in Zukunft in der Lage sein, nicht nur die Schrittzahlen über App für den Träger und den Hausarzt einsehbar zu machen. Schon bald kann aus der Art der multilokulären Motorikerfassung, beispielsweise bei psychomotorischer Unruhe von Psychotikern, der rhythmischen Motorik bei epileptischen Anfällen oder dem fehlenden Muskeltonus bei der Synkope eine diagnostische Zuordnung erfolgen. *Kniesensoren* könnten zur Warnung vor Knieüberlastungen durch Sport oder Übergewicht einmal wichtige Dienste leisten.

In der Landwirtschaft ist die Sensorenentwicklung schon deutlich weiter als in der Humanmedizin. So kann heute schon durch *Kippsensoren* am Hals auf die Fresszeiten oder ein stierisches Rind geschlossen werden. Durch Vaginalthermometer wird der Bauer per SMS über die bevorstehende Geburt informiert (Vicari 2017). Spezielle *Bodensensoren* geben in USA dem Landwirt Informationen über die Feuchtigkeit und den Nährstoffgehalt seiner Felder. Drohnen können Schädlinge mit einer Fotosensorik entdecken und das Wachstum der Pflanzen analysieren. In einem Kooperationsprojekt von Bayer Digital Farming GmbH mit Bosch wird in Münster an Kameratechniken gearbeitet, um unterschiedliche Krankheiten der einzelnen Pflanzen erkennen und mit einer gezielten Dosis Pestizid behandeln zu können (Klawitter 2017).

In Deutschland gibt es über 6 Millionen Diabeteskranke, von denen besonders die Patienten mit Diabetes Typ 1 von einer künstlichen Bauchspeicheldrüse träumen. Den ersten Schritt hat Werner Mäntele von der Firma DiaMonTech gemacht, indem er mit 99 %iger Genauigkeit den Blutzuckerspiegel mithilfe eines Lasers nichtinvasiv, also ohne Blutentnahme, bestimmen kann (Loos 2017).

Bei dem in den USA 2017 zugelassenen Medtronic-Produkt *MiniMed670G* wird erstmals ein System genehmigt, das automatisiert Insulin abgibt und dosiert. Diese „künstliche Bauchspeicheldrüse" besteht als „Closed-Loop-System" aus einer Insulinpumpe, einem *Sensor zur kontinuierlichen Glukosemessung* im Unterhautfettgewebe, einem Blutzuckermessgerät zur Kalibrierung des Sensors und einem Computerprogramm, das die automatische Steuerung der Insulinpumpe vornimmt. Allerdings muss die Insulinpumpe noch manuell gefüllt werden und eine vollständige Automatisierung gelingt noch nicht wegen der fehlenden Mahlzeitenabschätzung (Kordonouri 2017).

Sensoren zur Erfassung der Aufmerksamkeit, sogenannte Vigilanzmesser, bestehen aus der Pupillographie, der Messung der Hirnströme und der elektrodermalen Aktivität (EDA). Solche „Müdigkeitssensoren" sind in der Diagnostik und Therapie von verstärkter Schlafneigung beispielsweise bei Narkolepsie oder Schlafapnoe-Syndromen von großem Wert (siehe Kasuistik 9, Abschn. 2.2.9) (Details zu SOMNOwatch siehe www.somno-medics.de).

2.2.2 Digitalisiertes Krankenzimmer

In den 1980er-Jahren wurden Krankenzimmer mit *Gegensprechanlagen* eingerichtet. So konnte der Patient nach seinem Klingeln per Lautsprecher nach seinen Wünschen befragt werden. Die Pflegeperson ersparte sich so oft einen Gehweg zum Zimmer. Die Anlagen blieben aber zu oft ungenutzt, weil alle Mitpatienten und Besucher die Lautsprecherabfrage mithören konnten.

In Zukunft könnten *Sprachsteuerungssysteme* die Krankenzimmer revolutionieren, indem sie das Pflegepersonal entlasten und den Patienten zu mehr Autonomie verhelfen. Der Gymnasiast Jan Schumann entwickelte 2017 mit Unterstützung der Contilia-Gruppe den Prototyp eines „intelligenten, digitalisierten Krankenzimmers". Technische Funktionen wie die Regelung der Heizung, Öffnen des Fensters oder Dimmen des Lichtes sollen alleine vom Patienten mithilfe der Sprachsteuerung oder einer App selbst geregelt werden können.

Bei persönlichen Bedürfnissen wie Urindrang oder Schmerzen kann der Patient dies über das Smarthome-System dem Pfleger persönlich mitteilen. In ähnlicher Form ist dies bereits heute möglich mithilfe des

Smartphones und Sprüchen wie „Ok Google" oder „Hallo Siri". Die so informierte Pflegekraft kann ohne mehrfaches Hin- und Herrennen die Patientenwünsche auf kürzestem Weg erledigen.

Patienten, die diese Neuerungen trotz Bedienungsanleitung ablehnen, können weiterhin den roten Knopf nutzen.

2.2.3 Personalüberwachung

Sie ist schon heute mit speziellen Sensoren möglich, die aufzeichnen können, wo sich eine Person befindet und wohin sie geht. Diese Informationen können auch zur Optimierung der Arbeitsprozesse in Kliniken einen Beitrag leisten (siehe Abschn. 2.1.2 unter „Organisatorische Hilfen") (Buse 2015). Die Gefahr der totalen Überwachung am Arbeitsplatz ist aber hier förmlich spürbar. Ein solcher „Kulturwandel" mit der geforderten hohen Transparenz dürfte kaum von der europäischen Gesellschaft akzeptiert werden.

Kaum vorstellbar ist es auch, wenn weiterentwickelte Sensoren ausgestattet mit Bilderkennung erfassen können, mit wem die Person spricht, ob sie dabei nervös ist, wie sich die Stimmlage ändert, wie viel Äh-Pausen bestehen. Mit solchen Informationen entstehen pro Sensor täglich mehrere Gigabyte an Daten. Dies alleine wäre aber kein Gegenargument für Personalabteilungen, wenn sich damit „Geeignete von Ungeeigneten" unterscheiden ließen.

An solchen Sensoren arbeiten Firmen wie Sociometric Solutions bei Boston, USA, und die Firma Psyware in Aachen (Buse 2015). Zu ihren Kunden zählen unter anderem die Actimonda-Krankenkasse, die Verkehrsbetriebe in Essen und die Unternehmensberatung Ifp Management in Düsseldorf.

2.2.4 Überwachung von Verwirrten und Dementen

Sie wird sich mithilfe des GPS-Systems in Zukunft immer mehr durchsetzen (siehe Abschn. 2.1.1 unter „Prävention für Kranke"). Bedingung ist, dass der Patient sein Smartphone immer bei sich trägt und es mit einem GPS-System ausgestattet ist. Dann ist jederzeit die elektronische Ortung durch Angehörige oder Betreuer möglich; als App dienen *Synagram* oder die Familien-App *Tabaluga SOS*.

Diese Apps sind für diejenigen Patienten denkbar, die mit einer Navigations-App in ihrem Smartphone nicht mehr umgehen können und bei denen auch das Telefonat zur Information über ihren Standort keine

Orientierungshilfe mehr bedeutet. Alternativ könnte in der Psychiatrie bei Eigen- oder Fremdgefährdung statt der geschlossenen Abteilung die digitale „Fußfessel" zum Einsatz kommen (siehe Abschn. 5.2).

2.2.5 Krebsbehandlung

Die Digitalisierung ermöglicht in Zukunft wahrscheinlich kürzere Krankenhausaufenthalte und eine Ausweitung der ambulanten Diagnostik, ohne dass der Arzt immer vor Ort ist. Ein Beispiel für solch ein digital vernetztes Produkt ist *Mini Care Home* von Philips. Es wird im Rahmen einer Studie bereits bei Krebspatienten eingesetzt, die eine Chemotherapie benötigen. Anhand eines Tropfens Blut wertet das Gerät unter anderem aus, ob ausreichend Leukozyten enthalten sind. Dieser ambulante Gesundheitscheck wird dem behandelnden Mediziner durchgegeben; dieser entscheidet dann, ob der Patient für den Krankenhausaufenthalt schon geeignet ist oder noch zu Hause abwarten muss. *Mini Care Home* spart – wenn die Studie erfolgreich abgeschlossen ist – Zeit und Kosten, vom Stress mit Warte- und Reisezeiten einmal abgesehen (Vullinghs 2016).

2.2.6 Anfallskrankheiten

Von den Epilepsiepatienten sind die Aufwachepileptiker besonders innovationsfreudig. So haben einzelne Patienten unmittelbar nach der Wahrnehmung ihrer Aura von dem dann nachfolgenden Anfallssyndrom ein Selfie-Video gedreht.

Die Weiterentwicklung der Sensorentechnik erlaubt sicher in einzelnen Fällen bald eine schnellere diagnostische Zuordnung der verschiedenen Epilepsiesyndrome. So hat die Firma Cosinus GmbH aus München einen Epilepsiesensor entwickelt, der als Minisensor wie ein Hörgerät im Ohr befestigt wird. Ein Smartphone übermittelt die Daten an einen Rechner, der die Signale auf epileptische Anfälle hin auswertet. Als anfallstypisch erkennt der Sensor eine Pulsbeschleunigung oder bestimmte Bewegungsmuster. Notfalls können Angehörige oder Ärzte über das Ergebnis informiert werden.

In der Zukunft wird man wissenschaftlich mehr mit Muskelaktivitätssensoren an allen 4 Extremitäten zur Ereignisregistrierung, EEG-Messungen sowie Videosensoren arbeiten.

Mit dem Verbundprojekt *EPItect* und seinem mobilen Sensor ist zu hoffen, dass die Autonomie der Anfallskranken weiter verbessert werden kann. In jedem Falle lässt sich die Anfallshäufigkeit und Anfallsschwere besser erfassen (Hillienhof 2016b). Es überrascht nämlich nicht, dass bei Epilepsiepatienten die angegebene Anfallshäufigkeit um den Faktor 1,4–3,0 nach oben korrigiert werden muss (Hoppe und Elger 2016). Dies haben auch die Ergebnisse mit drucksensitiven Matratzendetektoren gezeigt.

2.2.7 Qualitätskontrollen

Bei einem transparenten *Umgang mit eigenen Körpersensordaten* lassen sich viele neue Konstellationen erahnen: So wird beispielsweise nach jeder ärztlichen Maßnahme oder jedem Klinikaufenthalt die Bewertung der Patienten erfragt. Übertreibungen oder gar Lügen sind bei solchen Befragungen nicht die Ausnahme. Trägt der Befragte nun einen Körpersensor, der Puls und elektrischen Hautwiderstand kontinuierlich misst, und hat der Fragende ein Smartphone oder Wearable, das diese Daten elektronisch erfassen und analysieren kann, lässt sich schnell die Frage der Übereinstimmung von Gesagtem und Gefühltem nach Art eines Lügendetektors klären. Es bleibt aber fraglich, ob die dann gegebenenfalls zu korrigierenden Ergebnisse in Einzelfällen zu einer echten Qualitätsverbesserung beitragen können.

In der Zukunft könnten Uhren oder Schuhe mit Bewegungssensoren ausgestattet und mit dem Internet verbunden werden. Diese Systeme würden Informationen über einzelne Bewegungen liefern, was Rückschlüsse auf neurologische oder muskuloskelettale Erkrankungen ermöglicht. Nach erfolgreicher Therapie zeigen sich die primär gestörten *Bewegungsprofile* verbessert und untermauern so die Angaben der Patienten.

2.2.8 Psychische Erkrankungen

Online-gestützte Interventionen drängen bei psychischen Störungen auch wegen der langen Wartezeiten immer mehr auf den Gesundheitsmarkt; sie heißen *deprexis*, *pro mind* oder *iFight-Depression*. Ihre Wirksamkeit soll in zahlreichen Studien für die Behandlung von Depressionen, Angststörungen und posttraumatischen Belastungsstörungen nachgewiesen sein, allerdings nur, wenn die Online-Interventionen regelmäßig durch einen Psychotherapeuten begleitet werden.

Vonseiten des Gemeinsamen Bundesausschusses (G-BA) und der Krankenkassen bestehen noch erhebliche Vorbehalte gegen eine Anerkennung als psychotherapeutisch gleichwertige Kassenleistung, und es wird daher zuvor eine Methodenbewertung gefordert (Bühring 2016).

Psychiater und Psychotherapeuten sehen in dem Einsatz elektronischer Medien und Geräte im Gesundheitssektor einen Fortschritt, da sie die Hemmschwelle senken und zu einer verbesserten Erreichbarkeit der Patienten führen können. Der Nutzen der E-Health-Angebote, auch eMental-Health genannt, zeigt sich besonders bei der Therapie von *Depressionen und Angstkrankheiten* (Surmann et al. 2017). Bei der Erfassung von Medikamentennebenwirkungen der Antipsychotika sind Smartphone-Applikationen ebenfalls nützlich (www.psylog.eu).

Bei *bipolaren Störungen* sind Apps zur frühestmöglichen Erfassung manischer Phasen durch Messung des Schlaf-Wach-Verhaltens und spezielle Aktivitätsmessungen (Schrittzahl, Telefonaktivität, GPS-Wechsel) in manchen Fällen sicher hilfreich. Ob dazu auch der Einsatz mit Selfie-Videos praktikabel ist, lässt sich noch nicht sagen; Beschreibungen solcher Videoüberwachungen durch Dave Eggers in „Der Circle" (2014) lösen eher befremdliche Gefühle aus, insbesondere wenn man an einen Einsatz bei Patienten denkt.

Eine Aktivitätsmessung zur Erfassung einer sich entwickelnden *paranoiden oder maniformen Psychose* ist dann hilfreich, wenn trotz Einsatzes durch Angehörige, Betreuer oder behandelndem Arzt eine psychotische Entgleisung nicht zu verhindern ist (siehe Kasuistik 8). Hierbei ist ein Vergleich mit dem Telemonitoring bei Patienten mit Herzschrittmacher oder rezidivierenden Herzrhythmusstörungen durchaus angebracht.

Kasuistik 8

Schizophrene agitierte Psychose mit schubförmigem Verlaufstyp (Frau M., 57 Jahre)
Frau M. lebt alleine in eigener Wohnung in einem Mehrfamilienhaus und ist in regelmäßiger ambulanter und stationärer psychiatrischer Behandlung. Sie hat seit etwa 6 Jahren mehrmals jährlich in unregelmäßigen Abständen psychotische Phasen mit wahnhaften Gedanken und akustischen Halluzinationen. Dabei lässt sie bei Beginn der Phasen oft ihre Psychopharmaka weg, verweigert jede Hilfe und sagt Besuche beim Facharzt ab.
Manchmal hat ihr eine männliche Stimme das Absetzen der „giftigen" Medikamente angeraten. Die Exazerbation der Psychose geht mit zunehmender Ruhestörung in ihrem Mehrfamilienhaus einher. Mehrfache Streitereien mit

ihren Nachbarn resultieren jeweils im Rufen des Notarztes, der sie dann immer wieder als Notfall in die psychiatrische Klinik bringen lässt. Nach zwei- bis dreiwöchiger stationärer Behandlung kommt sie wieder psychomotorisch ruhig, frei von akustischen Halluzinationen und mit geordnetem Gedankengang in ihre Wohnung zurück.

Resümee: Diese Drehtür-Psychiatrie ist auch 40 Jahre nach der Psychiatrie-Enquete im Jahre 1975 in Deutschland leider immer noch keine Seltenheit. Solche Verläufe sind wegen des Verweigerns von Depotneuroleptika wie Haldol-Decaonat oder Dapotum D und der unzureichenden Überwachungsmöglichkeiten durch den amtlich bestellten Betreuer immer wieder zu beobachten. Auch das Angebot für die Teilnahme an einer Psychotiker-Gruppe – sei es beim Facharzt, der Psychiatrischen Klinik oder dem Gesundheitsamtsarzt – verhindert nicht ein Rezidiv mit dem immer gleichen Ablauf.

Das für die Patientin und die Betreuerin zuständige Betreuungsgericht hat wegen der mehrmals jährlich auftretenden Psychose-Phasen mit Noteinweisungen eine **dauerhafte** geschlossene Unterbringung abgelehnt, da diese gemäß § 11 Gesetz über Hilfen und Schutzmaßnahmen bei psychischen Krankheiten (PsychKG) nur bei dauerhafter Eigen- und/oder Fremdgefährdung infrage kommt.

Eine schneller angepasste antipsychotische Medikation am Beginn der erneuten Psychose-Phase wäre im wohlverstandenen Interesse der Patientin möglich, wenn der Facharzt per Telemonitoring Zeichen für ein Rezidiv der Psychose erkennen könnte. Hier bieten sich der Einsatz von Sensoren zur Erfassung der vermehrten motorischen Aktivität sowie Schrittzahlen in Verbindung mit Zeichen von deutlich verkürzten Ruhe- bzw. Schlafphasen an.

Sensoren zur Erfassung der bei agitierten Psychosen beschleunigten Puls- und Atemfrequenz sind meist überflüssig. Dies dürfte auch für eine Akustik- und Videoüberwachung per *Alexa*-Einrichtung in der eigenen Wohnung gelten. Diese persönliche Transparenz per Video ginge auch zu Lasten der Autonomie und Individualität der Patienten und sollte – wenn überhaupt – nur für besondere Krankheitsfälle zum Einsatz kommen.

In naher Zukunft dürfte ein *neuropsychiatrisches Telemonitoring* einen Fortschritt bedeuten, der die Autonomie des Patienten nicht beeinträchtigt, wenn es mit deren Zustimmung erfolgt. Eine krankheitstypische Sensorenausstattung könnte durchaus auch zu einer Reduktion der Zwangsmaßnahmen in der Psychiatrie, insbesondere auch aufgrund des PsychKG wegen Eigen- oder Fremdgefährdung, einen Beitrag leisten. Nur wenn sich diese Vermutung bestätigen würde, wäre eine allgemeine Akzeptanz in der Gesellschaft zu erwarten.

Immer ist zwischen Patientenautonomie einerseits und Patientenwohl andererseits abzuwägen (Olszewski und Jäger 2015). Mit Zustimmung der Patientin (Kasuistik 8) würde der Facharzt bei Eingang typischer Telemonitoring-Ergebnisse sofort die Patientin anrufen und einen schnellstmöglichen Praxis- oder Hausbesuch vereinbaren. Wenn der Notarzt nötig würde, könnte zuerst die inhalative Loxapintherapie versucht werden, um die zwangsmäßige Haldolinjektion zu umgehen.

Bei konsequentem Einsatz aller sozialpsychiatrischen Hilfen, einschließlich eines modernen adäquaten Telemonitorings, ist zu hoffen, dass die Zahl der psychiatrischen Zwangsunterbringungen per PsychKG abnimmt. Andererseits wäre zu wünschen, dass mit dem Einsatz Psychosespezifischer Sensoren und Telemonitoring die Zahl der psychiatrischen Dauerunterbringungen zugunsten einer ambulanten Weiterversorgung reduziert werden kann.

2.2.9 Chronische Krankheiten

Dem Telemonitoring gehört bei vielen chronischen Krankheiten die Zukunft. Neben Patienten mit Psychosen (siehe Kasuistik 3 in Abschn. 1.1 und Kasuistik 8 in Abschn. 2.2.8) sind dies alleinlebende Patienten mit Herzrhythmusstörungen, epileptischen oder synkopalen Anfallssyndromen, Hypersomnien sowie Gangstörungen mit vermehrter Sturzgefahr (Wenzelburger 2015; Völler 2017). Wenn die krankheitstypische Sensorenüberwachung gelingen sollte, könnte dies zu einer schnelleren Notfallerfassung und einer langfristig besseren Rehabilitation bis hin zur Wiedereingliederung in den früheren Beruf führen. Schon heute ist das Telemonitoring am weitesten fortgeschritten bei Patienten mit imperativen Schlafattacken und Schlaf-Apnoe-Patienten mit Tagesmüdigkeit und imperativen Schlafanfällen (siehe Kasuistik 9).

Kasuistik 9

Lkw-Fahrer mit Hypersomnie wegen Schlaf-Apnoe-Syndrom; nach CPAP-Einstellung schnelle berufliche Eingliederung durch ständiges Telemonitoring von Vigilanz und Schläfrigkeit mit Pupillographie, EEG, EDA, Video (Herr M., 55 Jahre)
Herr M. ist seit 10 Jahren wegen eines arteriellen Hypertonus und familiärer Adipositas permagna in hausärztlicher Behandlung. Sein Beruf als Lkw-Fahrer mit Speditionsreisen durch ganz Europa macht ihm viel Spaß. In den letzten 2 Jahren bemerkte er trotz langer Ruhezeiten über Tag und gutem Nachtschlaf

---

zunehmende Müdigkeit über Tag und ein Unausgeschlafensein am Morgen nach dem Aufwachen.

Der Hausarzt erfährt von der Ehefrau, dass ihr Mann nachts besonders in Rückenlage stark schnarcht und dann plötzlich bis zu einer Minute nicht mehr atmet, bevor er dann explosionsartig laut weiter schnarcht. Über Tag sei er leichter gereizt und erschöpfe schneller. Der Verdacht eines obstruktiven schweren Schlaf-Apnoe-Syndroms wird im Schlaflabor bestätigt. So finden sich Apnoen mehrmals für über eine Minute und Sauerstoffabfälle im Schlaf bis unter 60 % Sauerstoffsättigung (Norm: >92 %).

Es wird eine CPAP-Maskenbeatmung angepasst, sodass im Schlaf die Obstruktion der Atemwege auch in Rückenlage verhindert wird. Der Patient fühlt sich wie neu geboren. Der Rat zur konsequenten Gewichtsabnahme wird nicht mehr ernsthaft befolgt.

Der Patient wird als Lkw-Fahrer für 2 Jahre berufsunfähig geschrieben.

Die Wiedereingliederung als Lkw-Fahrer könnte zukünftig früher realisiert werden, wenn gesichert werden kann, dass die CPAP-Therapie zu einem Verschwinden sowohl der Tagesmüdigkeit als auch der passageren Einschlafattacken geführt hat. Hierzu werden *Videobrillen* eingesetzt, in die Pupillographen vom Typ F2D2 eingebaut sind. Damit lässt sich die aktuelle Schläfrigkeit aus dem Grad des Pupillenspiels bestimmen. Als weitere Kontrollparameter der Vigilanz bieten sich die Messung der elektrodermalen Aktivität (EDA), Videoeigenüberwachung und die Messung der Hirnströme mit einer EEG-Ableitung an. Die Daten werden bei Abweichungen sofort per Telemonitoring an das Schlaflaborzentrum durchgegeben und veranlassen eine sofortige videotelefonische oder audiovisuelle Rücksprache.

Ergibt die dreimonatige Teleüberwachung eine gute Einstellung des Schlaf-Apnoe-Syndroms, wäre eine Wiederaufnahme der Arbeit als Lkw-Fahrer möglich. Auflage für einen schnelleren Erhalt der Fahrerlaubnis wäre die Erlaubnis für eine telemedizinische Überwachung auch bei der Arbeit.

Beim autonomen Auto, dem sogenannten Roboterauto, würden sich solche Fahrermüdigkeitssensoren ebenso erübrigen wie Spurhalteassistenten oder Geschwindigkeitsregler. Das Autofahren würde sicherer und komfortabler. Auch wird das sich selbst steuernde Auto zu einem deutlichen Rückgang der Verkehrsopfer führen (Doll 2015). Es ist aber zu bezweifeln, dass die Freude, sein Auto selbst zu fahren, durch die gewonnene größere Sicherheit kompensiert würde.

Im Rahmen der Parkinson-Krankheit wird mit Unterstützung des Bundesministeriums für Bildung und Forschung das Projekt *PCompanion* gefördert. Dieses soll sich zu einem mobilen Screening- und

Monitoringsystem zur Frühdiagnostik und Begleitung von Parkinson-Erkrankungen entwickeln (www.parkinson-compagnion.de).

2.2.10 Taschenultraschallgeräte

Das Taschenultraschallgerät *Lumify* kann an ein Smartphone angekoppelt werden und liefert gute Bildauflösungen. Philips sieht den ersten Einsatz bei Hebammen im häuslichen Bereich. Bei Unklarheiten könnte der Frauenarzt nach Internetversand des Ultraschallbildes konsiliarisch hinzugezogen werden (Müller 2017).

Literatur

Albrecht U-V (2018) Gesundheits-Apps. Fachübergreifende Qualitätskriterien sind unabdingbar. Dtsch Ärztebl 115(3):C61–62

Albrecht U-V, Pramann O (2018) Haftungsfragen beim Einsatz von Gesundheits-Apps. Dtsch Ärztebl 115(12):C452–453

Audebert H (2017) Signifikante Prognoseverbesserung für Schlaganfall-Patienten in TEMPIS-Kliniken. Nervenarzt 88:329–330

Aumiller J (2015) Vernetzte Rettungsdienste und Telemedizin. Cardio News 18(6):S36

Balzter S (2016) Und das soll eine Klinik sein? F.A.S. 48(12):S31

Balzter S (2017a) Der heiße Draht zum Hausarzt. F.A.S. 8(2):S24

Balzter S (2017b) Bei Anruf Diagnose. F.A.S. 50:26

Beerheide R (2015) Fitness-Kontrolle per App. Dtsch Ärztebl 112(33–34):C1120

Bein B, Koch T, Geldner G, Böttiger BW, Gräsner J-T (2017) Notfall-Versorgung in Deutschland. Transformation und Trends. Dtsch Ärztebl 114(46):C1766–1768

Bork U, Weitz J, Penter V (2018) Apps und Mobile Health. Dtsch Ärztebl 115(3):C57–60

Brenn J (2015) Bei Krankheit ist Datenschutz oft zweitrangig. Rhein Ärztebl 11:23

Bühring P (2016) E-Mental-Health. Die Weichen sind gestellt. Dtsch Ärztebl 113:C1596–1597

Buse U (2015) Kopf oder Zahl. Big Data. Der Spiegel 47:61–64

Chan N, Choy C (2016) Dtsch Ärztebl 113(45):C1695. https://doi.org/10.1136/heartjnl-2016-309993

Coliquio NEWS vom 02.09.2017

Doll N (2015) Lenken war gestern. WAMS 30(7):30

Dominick K (2015) Herzrasen nach Glühwein. Rheinische Post, 1. Dezember, S 4

Dörr M (2000) Planung und Durchführung von Digitalisierungsprojekten. In: Weber H, Maier G (Hrsg) Digitale Archive und Bibliotheken. Neue

Nutzungsmöglichkeiten und Nutzungsqualitäten. Kohlhammer, Stuttgart, S 103–112

Draeger F (2016) Gut vernetzt. Apotheken-Umschau A 01(16):13–17

Dtsch Ärztebl (2017) Notfall: Alarmsystem „Mobile Retter" ortet Ersthelfer. Dtsch Ärztebl 114(41):C1563

Ebert O (2016) Wie finde ich die richtige Gesundheits-App? Schriftenreihe abgemahnt.de 1:1–15

Eggers D (2014) Der Circle. Verlag Kiepenheuer & Witsch, Köln

Erdogan B (2016) „Dr.Google hat jetzt Zeit für Sie!" – Aufbruch in die digitale Medizin? Rhein Ärztebl 3:12–14

Graf C, Bauer C, Schlepper S (2015) „10.000 Schritte für ihre Gesundheit". Bewegungsempfehlungen kommen. Rhein Ärztebl 10:17–19

Grätzel P (2017) Ersthelfer-App soll Reanimation beschleunigen. Cardio News, 7. August 2017, S 5

Groh J (2017) Perspektiven bei Telemonitoring und CRT. Cardio Medizin 20(3):23

Groiss SJ (2017) Bedeutung des Parkinson-Netzwerkes für die Patienten-Versorgung. Leben mit Zukunft. Parkinson 143(4):25–27

Hillienhof A (2016a) E-Health: Krankenkassen dürfen Anschaffung von Fitness-Trackern unterstützen. Dtsch Ärztebl 113(39):C1400

Hillienhof A (2016b) Minisensor warnt bei epileptischen Anfällen. Dtsch Ärztebl 113(16):C646

Hoppe C, Elger CE (2016) Epilepsie: Anfallstagebücher im klinischen Alltag und in der Forschung. Akt Neurol 43:493–500

Jacobs P (2015) Wie „Big Data" die Medizin verändert. Rheinische Post, 17. Juli, S 2

Kassenärztliche Bundesvereinigung (2004) Informationstechnologie in ärztlichen Kooperationen. http://daebl.de/RM67

Klawitter N (2017) Apps für den Acker. Der Spiegel 42:68–70

Kordonouri O (2017) Closed-Loop-Systeme auf dem Weg zur Standardtherapie. Dtsch Ärztebl 114:C1012

Korzilius H (2018) Von Telematik bis Prävention. Dtsch Ärztebl 115:C238

Kowalewsky R (2017) Vodafone ermöglicht Hunde-Ortung. Rheinische Post, 15. November, B4

Kropp H, Günther U (2017) Digitalisierung. Wie Kliniken digitale Patientendaten am besten schützen. Dtsch Ärztebl 114(17):2–4

Krüger THC, Wollmer MA, Negt P, Frieling H, Jung S, Kahl KG (2016) Inhalatives Loxapin zur Notfallbehandlung bei agitierten Patienten mit Borderline-Persönlichkeitsstörung. Nervenarzt 87:1222–1226

Krüger-Brand HE (2015a) Digitalisierung des Patienten. Dtsch Ärztebl 112(44):C1486

Krüger-Brand HE (2015b) Sinneswandel. Welchen Beitrag kann Telemedizin auf die Versorgung im ländlichen Raum leisten? Dtsch Ärztebl 112(50):C1701

Krüger-Brand HE (2017a) Gesundheits-Apps. Eine Frage des Vertrauens. Dtsch Ärztebl 114(41):C1543–1544

Krüger-Brand HE (2017b) IT-Sicherheit. Risikomanagement ist Pflicht. Dtsch Ärztebl 114:C1140–1141

Krüger-Brand HE (2017c) Arztkommunikation zukunftssicher und effizient. Dtsch Ärztebl 114(15):C605–606

Krüger-Brand HE (2017d) Digitalisierung im Krankenhaus: Der Infrastruktur fehlt die Finanzierung. Dtsch Ärztebl 114(48):C1850

Krüger-Brand HE (2018) Die Karte geht online. Dtsch Ärztebl 115(4):C107–110

Krüger-Brand HE, Osterloh F (2017) Elektronische Patientenakte. Viele Modelle – noch keine Strategie. Dtsch Ärztebl 114(43):C1624–1628

Lang M (2017) Die App „Patient Concept" verbessert die Therapiesicherheit. Nervenarzt 88:329

Leben mit Zukunft (2016) Einfache Symptom-Überwachung mit dem Parkinson-Kinetigraph. dPV-Heft 136-1:14–15

Liepert J, Breitenstein C (2016) Neues zur Neurorehabilitation: Motorik und Sprache. Nervenarzt 87:1339–1352

Litsch M (2018) „Die elektronische Gesundheitskarte ist gescheitert". Interview in Rheinische Post, 29. März, S B1

Lobo S (2017) zitiert aus: Krüger-Brand HE (2017) Digitalisierung. Ärzte stellen Weichen für die Zukunft. Dtsch Ärztebl 114:C 892–894

Loges C (2015) ICD/CRT-D: Telemedizin schneidet gut ab. Cardio News 18(5):37

Loos M (2017) Wenn das Smartphone den Blutzuckerspiegel misst. Die Welt, 24. Juni, S 13

Luley C, Isermann B (2016) Abnehmen mit Hilfe von Telemedizin. Dtsch Ärztebl 113(4):C126

Maier-Borst H (2016) Signale aus dem Körper. Die Zeit 18:37

Marder H (2014) Wie eine „App" das Gehen verbessern kann. Parkinson-Nachrichten dPV 130(3):36

Maybaum T (2017) Digitalisierung: Datenmengen sollen besser genutzt werden. Dtsch Ärztebl 114(24):C947

Meier R (2017) TeleClinic: Bei Anruf Arzt. Nervenarzt 88:330–331

Merz S, Bruni T, Bondio MG (2018) Diagnose-Apps. Dtsch Ärztebl 115(12):C454–456

Müller MU (2014) Doktor Web. Der Spiegel 46:86–87

Müller MU (2016) Kontaktverbot im Web. Der Spiegel 26:73

Müller MU (2017) App auf Rezept. Der Spiegel 29:67–70

Müller A, Rybak K, Klingenheben T et al (2013) Empfehlungen zum Telemonitoring bei Patienten mit implantierten Herzschrittmachern, Defibrillatoren und kardialen Resynchronisationssystemen. Kardiologe 7:181–193

Neumann C, Schmid B (2017) Sensoren im Stützstrumpf. Der Spiegel 30:51

Olbrisch M, Wiedmann-Schmidt W (2015) Auf Schritt und Tritt. Der Spiegel 29:50–51

Olszewski K, Jäger M (2015) Zwangsmaßnahmen in der Psychiatrie. InFo Neurologie & Psychiatrie 17(7–8):55–59

Reismann O (2015) Digitale Selbsterkenntnis. Kultur Spiegel April:10–13

Richter A, Löscher V (2014) Logopädie für die Hosentasche. dPV-Nachrichten Leben mit Zukunft 130(3):14–15

Rosenbach M, Schmergal C (2017) Einer wird gewinnen. Gesundheitskarte. Der Spiegel 43:74–76

Rosenbach M, Schmergal C, Schmundt H (2015) Der gläserne Patient. Der Spiegel 50:10–18

RP online (2018) Techniker-Kasse startet elektronische Gesundheitsakte. RP online, 25. April, B2

Schmidt K (2015) Telemedizin. Angekommen, aber noch nicht umgesetzt. Dtsch Ärztebl 112(48):C1620

Schmitt-Sausen N (2015) E-Health-Forschung: Näher am Patienten geht nicht. Dtsch Ärztebl 112(44):C1468–1470

Schmitt-Sausen N (2018) Digitalisierung. Ein Kraftakt – wie erwartet. Dtsch Ärztebl 115(13):C494–496

Schmundt H (2017) Falsch vermessen. Der Spiegel 3:107

Schulenburg D, Eibl K (2017) Der Beweiswert elektronischer Patientenakten. Rhein Ärztebl 8:22

Schumann J (2017) Vittinghoff M, „Hallo Technik, mir ist übel", Rheinische Post, 10. Oktober

Schwab JO (2016) Telemedizinische Nachsorge bei ICD-Trägern. Cardio News 19(5):41

Seel C (2015) Belohnung für Bewegung. GESUND 15. März, S 2–3

Siegmund-Schultze N (2016) Demographischer Wandel und digitale Medizin stehen im Mittelpunkt. Dtsch Ärztebl 113:C548–549

Soda H, Ziegler V, Shammas L, Griewing B, Kippnich U, Keidel M, Rashid A (2017) Telemedizinische Voranmeldung in der akuten Schlaganfall-Versorgung. Nervenarzt 88:120–129

Stachwitz P, Albert J, Juhra C, Schöffski O (2017) Notfalldaten – Erstanlage funktioniert in der Praxis. Dtsch Ärztebl 114(20):C806–810

Steinmetz V (2016) Sportlich vermessen. Der Spiegel 5:88

Straub C (2017) Interview „Mehrwert nachweisen". DUB Unternehmer-Magazin Winter-Spezial, S 24–25

Surmann M, Bock EM, Krey E, Burmeister K, Arolt V, Lencer R (2017) Einstellungen gegenüber eHealth-Angeboten in Psychiatrie und Psychotherapie. Nervenarzt 88:1036–1043

Tobien J (2015) Eltern überwachen ihre Kinder mit Apps. Rheinische Post, 22. Oktober, S B6

Van der Velde A (2017) Vortrag auf der Konferenz eCardiology am 09.11.2017 in Berlin. Cardio News 20(11–12):25

Vicari J (2017) Alles über Nummer 2812. F.A.S. 17(4):61

Völler H (2017) Telemedizin: Bessere Lebensqualität bei Herzinsuffizienz. Cardio News 20(4):37

Vullinghs P (2016) Die Blutwerte zu Hause testen. Interview in F.A.S. 23.10.2016, S V2

Weidenfeld U (2015) Navigieren für die Gesundheit. Rotary Magazin 8:94–100

Wenzelburger F (2015) Bessere Lebensqualität durch Telemonitoring. Cardio News 18(10):40

Wienbergen H (2016) Schrittzähler motivieren zu mehr Bewegung. Cardio News 19(3):42

3

Telemedizin

Telemedizin ist als Fernmedizin ein Sammelbegriff für alle *ärztlichen audiovisuellen Versorgungskonzepte*. Dabei erfolgt die ärztliche Befragung, Untersuchung oder/und Beratung über große räumliche Entfernungen. Telemedizin kann auf Wunsch auch zeitlich versetzt erfolgen. Die Akzeptanz der audiovisuellen Telemedizin ist außerhalb der Notfallmedizin noch zögerlich, weil diese Art Transparenz dem Recht auf Anonymität, Intimität und auf ein persönliches Arzt-Patienten-Verhältnis nicht entspricht.

Die Akzeptanz der Telemedizin wird auch durch die Gesetzeslage mit den Anforderungen an die Nutzenbewertung gemäß § 137 e und h SGB V gemindert.

> Für die stationäre Versorgung gilt der *Verbotsvorbehalt*, sodass neue Untersuchungs- und Behandlungsverfahren erlaubt sind, solange der G-BA sie nicht verbietet. Ambulant gilt aber der *Erlaubnisvorbehalt*, wonach eine neue Methode oder Therapie erst dann erbracht und abgerechnet werden darf, wenn der G-BA diese erlaubt (Krüger-Brand 2018).

Zahlenmäßig stehen bei der Telemedizin die Online-Videosprechstunde und die notfallmäßige audiovisuelle fachärztliche Untersuchung und Beratung – beispielsweise beim Schlaganfall – im Vordergrund.

Eine Qualitätsverbesserung gelingt mit der Telemedizin durch die Einholung von Zweitmeinungen, Ausweitung der Rehabilitationsmedizin und ihr Einsatz in der Aus-, Fort- und Weiterbildung. Gerade bei chronischen Krankheiten oder Banalitäten wie Nasenbluten oder

© Springer-Verlag GmbH Deutschland, ein Teil von Springer Nature 2018
J. Jörg, *Digitalisierung in der Medizin,*
https://doi.org/10.1007/978-3-662-57759-2_3

Hämorrhoidalbeschwerden könnte die Telemedizin den Patienten in Zukunft häufige Arztbesuche ersparen. Telemedizin darf aber in keinem Falle den für den gesamten Heilungsverlauf wichtigen persönlichen Arzt-Patient-Kontakt ersetzen. Telemedizin unterstützt also ärztliches Handeln, ersetzt es aber nicht.

3.1 Istzustand

Die Videosprechstunde spielt eine immer größere Rolle in der medizinischen Versorgung. Schon im Jahre 2015 haben in einer repräsentativen Umfrage von fast 1600 Bundesbürgern zwischen 18 und 79 Jahren immerhin 44 % angegeben, dass sie gerne für Routineuntersuchungen einen Videokontakt mit dem Haus- oder Facharzt vornehmen würden (Dtsch Ärztebl 2016; Wanka 2016). Von den Ärzten nutzen aber erst 3,5 % diesen Kommunikationsweg. Dabei ist seit 1. April 2017 die Videosprechstunde in Deutschland eine reguläre Leistung der gesetzlichen Krankenkassen (Heinrich 2017). Allerdings ist die Videosprechstunde noch immer streng begrenzt auf wenige Indikationen, wie zum Beispiel die Kontrolle von Wunden. Darüber hinaus ist eine Fernbehandlung bisher – von Modellprojekten abgesehen – nur zugelassen, wenn Arzt und Patient sich bereits persönlich kennen. Diese Einschränkung hat der Ärztetag im Mai 2018 unter Beachtung besonderer Bedingungen aufgehoben.

In der Zukunft wird die Arbeit in der Medizin ortsunabhängig werden. Hochspezialisierte Medizin und neueste Forschungsergebnisse werden via Videosprechstunde den ärztlichen Einzelkämpfern in Stadt und Land zur Verfügung stehen.

Neben der Videosprechstunde hat sich die audiovisuelle Beratung und Untersuchung als eigentliche Telemedizin in der Schlaganfallakutbehandlung etabliert, sodass neurologische Expertise schnellstmöglich auch ohne Neurologen vor Ort eingesetzt werden kann.

3.1.1 Online-Videosprechstunde

Die elektronische Videosprechstunde ist seit 1. April 2017 mit einer eigenen GOÄ eingeführt. Sie erlaubt die telefonische oder Videoweiterbetreuung, wenn der Patient anfangs mindestens einmal persönlich in der Praxis gewesen ist. Seit Mai 2018 gilt auch diese Vorbedingung nicht mehr in allen Fällen. Die Vorteile sind für den Patienten offensichtlich: Er hat keine Anfahrtswege, keine Wartezeiten und schnellere Verlaufskontrollen.

Das aktualisierte Berufsrecht verlangt nicht mehr, dass sich der Patient bei seinem Arzt zu Beginn der eingeleiteten Behandlung persönlich immer vorgestellt haben muss (Einzelheiten siehe Erdogan 2016 und Heinrich 2017).

> Die ausschließliche Fernbehandlung über Print- und Kommunikationsmedien dürfen Ärzte in Deutschland nach § 7 Abs. 4 der ärztlichen Berufsordnung seit Mai 2018 durchführen.

In Nordrhein-Westfalen werden als Voraussetzung zur Videosprechstunde eine Bildschirmdiagonale von mindestens 3 Zoll mit einem Download von 2000 kbit/s und ein technisches Konzept der „End-zu-End-Verschlüsselung" gefordert. Auch dürfen Ärzte Videosprechstunden nur über zertifizierte Provider durchführen (Details siehe https://www.ztg-nrw.de).

Arzt und Patient benötigen einen Bildschirm mit Kamera, Mikrofon und Lautsprecher sowie eine Internetverbindung. Die Patienten erhalten von ihrem Arzt einen PIN-Code; damit können sie sich auch mit ihrem Smartphone anmelden und befinden sich danach im elektronischen Wartezimmer.

TeleClinic In der TeleClinic München sind über 100 Allgemeinmediziner und Fachärzte aus rund 30 verschiedenen Fachrichtungen tätig. Ein Viertel der Online-Beratungen sind Videosprechstunden, drei Viertel sind reine Telefonberatungen. Damit wurde das bisherige Fernbehandlungsverbot formal eingehalten. Hauptbedarf besteht an Zweitmeinungen, Rat bei Gesundheitsfragen der Kinder am Wochenende, Burnout-Syndromen oder Geschlechtskrankheiten. Die Zweitmeinung wird auf der Basis von Röntgenbildern, Blutwerten oder Arztbefunden erfragt (Meier R 2016). Der medizinische Leiter der TeleClinic München Reinhard Meier betont, dass keine abschließende Diagnose oder Therapieempfehlung erfolgt.

Mit den Videosprechstunden wird der Praxisablauf entlastet und den Patienten werden lange Wege erspart. Das Berufsrecht erlaubt in Deutschland im Gegensatz zu Nachbarländern wie der Schweiz keine Online-Rezepte, sodass immer noch viele Patienten in Deutschland die Online-Dienste in der Schweiz, Großbritannien und den skandinavischen Ländern in Anspruch nehmen.

Die Änderung des Berufsrechts der Ärzte scheiterte nicht an den GKV, sondern an den Ärztekammern; laufende Modellprojekte haben erreicht, dass ab Mai 2018 auch eine echte Behandlung per Video vom ersten Kontakt an möglich ist (siehe hierzu auch Abschn. 2.1.2 unter „Medizinische Hilfen" und www.dgtelemed.de).

Die KV Baden-Württemberg startete ab März 2018 das Projekt *Doc Direkt* zur Fernbehandlung. In Kooperation mit der TeleClinic München bekommen GKV-Patienten innerhalb von 30 Minuten einen ärztlichen Rat per App, online oder telefonisch. Allerdings nur werktags zwischen 9 und 19 Uhr. Über 89 Vertragsärzte arbeiten als Telearzt an dem Projekt mit. Damit ist es möglich, ohne persönlichen Kontakt Diagnosen, Rezepte und gelbe Scheine für Berufstätige auszustellen (weitere Einzelheiten siehe Abschn. 2.1.2 unter „Medizinische Hilfen" und www.aerztezeitung.de) (Balzter 2017).

Drei Indikationen für die Videosprechstunde sind unumstritten:

- Verlaufskontrollen bei der postoperativen Wundheilung, chronischen Wunden oder bei chronisch Kranken (zum Beispiel Störungen des Stütz- und Bewegungsapparates); Dermatologen reicht für die Verlaufskontrollen von Wunden oder Psoriasisekzemen eine Internetverbindung mit Bild und Ton (Details siehe unten).
- Einholen einer Zweitmeinung
- Fragen zur Medikation

Videokonferenz Videokonferenzen sind bei Bundeswehrärzten im Auslandseinsatz Routine, um so den Facharztstandard in der Diagnostik auch ortsunabhängig sicherzustellen. Dabei hat sich in der Tagesroutine die Teleradiologie zuerst durchgesetzt, bevor Videokonferenzen im Rahmen der internationalen Einsätze zur eigenen Versorgung hinzukamen (Schwarz 2016).

Versorgungsassistent Videokonferenzen zwischen Arzt und seinem nichtärztlichen Versorgungsassistenten könnten bei Haus- und Altenheimbesuchen sehr nützlich sein, da persönliche Facharztbesuche heute aus Zeitmangel oft nicht mehr erfolgen und die Transportfähigkeit in die Praxis nicht immer gegeben ist. Treten bei Routinetätigkeiten wie Nachuntersuchungen, Verbandswechsel, Injektionen etc. Fragen auf, könnte der Arzt jederzeit vom Versorgungsassistenten per Video zugeschaltet werden.

Es ist in Diskussion, ob zur Befähigung als Versorgungsassistent ein Bachelorstudium nach der Krankenpflegeausbildung nötig ist, ähnlich wie beim „Physician Assistant" (PA), oder ob das Modell des „Advanced Nursing

Practice" (ANP) mit speziellen Studiengängen zu favorisieren ist. In beiden Fällen wird der Arzt durch einen Arztassistenten enorm entlastet; darüber hinaus werden die pflegerische und medizinische Arbeit am Patienten aufgewertet, und es werden dem Klinikpflegeberuf neue Perspektiven mit mehr Eigenverantwortung gegeben (siehe auch Abschn. 5.2).

Viele ärztliche Funktionsträger wissen nicht, dass in Deutschland kein explizites gesetzliches Verbot besteht, ärztliche Leistungen an nicht ärztliche Mitarbeiter zu delegieren (Broglie und Krüger 2018).

> Der Arztvorbehalt gilt nur für Ausnahmefälle, wie zum Beispiel die Verschreibung von Arzneimitteln oder besonders schwierige oder gefährliche Sachverhalte.

Wenn mit der Telemedizin, dem Telemonitoring oder Videokonferenzen eine Aufweichung der Grenzziehung zwischen Ärzten und der Krankenpflege erreicht werden könnte, wäre beiden Berufsgruppen, noch mehr aber den Patienten geholfen.

Kardiologischer Patient Telemedizin bei Patienten mit Herzschrittmacher und/oder Herzinsuffizienz ist in Holland schon weit verbreitet. In Rheinland-Pfalz erfolgt der Einsatz der Telematik noch als Pilotprojekt zur besseren flächendeckenden medizinischen und pflegerischen Versorgung von Herzpatienten (www.eher-telemedizin.de). Unter Beteiligung des Fraunhofer-Institutes, der vitaphone GmbH und des Westpfalz-Klinikums unter Leitung von Prof. Dr. Burghard Schumacher wird der Einsatz von Telematik bei Patienten mit akuter und chronischer Herzinsuffizienz getestet, um so den Patienten lange Wege zum Spezialisten zu ersparen und die Anzahl der Arztbesuche zu senken. Die insgesamt positiven Ergebnisse bestätigen bisher diese Annahmen und zeigen auch die technische Machbarkeit auf. Es ist eine zeitnahe Anpassung der Therapie möglich, und der Gesundheitszustand der Patienten wurde signifikant gebessert. Besonders wichtig war, dass auch die Patienten mit dieser telemedizinischen Versorgung sehr zufrieden waren (Details siehe Dtsch Ärztebl 2015).

Videosprechstunde beim Dermatologen Die erste Online-Videosprechstunde für Dermatologen hat in Nordrhein-Westfalen (NRW) Dr. Klaus Strömer, Präsident des Berufsverbandes der Deutschen Dermatologen, im September 2015 in Mönchengladbach eingerichtet, 2016 sind in NRW schon über 50 Praxen gefolgt. Die Kosten übernahmen im Rahmen eines Pilotprojektes

Privatkassen und die Techniker Krankenkasse. Diese Videosprechstunde wurde für gesetzlich Krankenversicherte leider wieder eingestellt, da kein zusätzliches Geld bereitgestellt wurde. Dabei hat die Videosprechstunde gerade für die Dermatologie – ein „optisches" Fach – gezeigt, dass der Fortgang der Therapie per Videoschaltung gut überprüft werden kann (Strömer 2017). Auch werden dem Patienten lange Wege zur Praxis und Wartezeiten in der Praxis erspart.

Für die Diagnosestellung ist der persönliche Besuch in der großen Mehrzahl sicher zwingend, aber danach kann selbst der Pflegebedürftige *zu Hause oder im Altenheim die Videosprechstunde* nutzen.

Für das Online-Angebot wurde eigens eine Software entwickelt, wobei der Patient bei seinem Arztbesuch einen Code erhält. Anschließend wird ihm per E-Mail eine TAN (Transaktionsnummer) zugesandt (Rietdorf 2015). Eine solche TAN ist ein Einmalkennwort, das üblicherweise aus 6 Dezimalziffern besteht und seit Jahren im Online-Banking verwandt wird. Mit der TAN findet sich der Patient dann zur vereinbarten Zeit im virtuellen Wartezimmer ein. Mit einem Laptop und einer eingebauten Webcam ist dann die audiovisuelle Sprechstunde Realität.

Alle Beteiligten sparen Zeit und Wege. Es besteht für die Beteiligten kein Zweifel, dass dieses zukunftsweisende Projekt sich in den nächsten Jahren durchsetzen wird.

Ein telemedizinisches Konsil wird in Mecklenburg-Vorpommern durch eine koordinierte Versorgungskette zwischen Hausarzt, niedergelassenem Dermatologen und der Dermatologischen Klinik der Universität Greifswald angeboten. Die Konsortialführerschaft hat die Techniker-Krankenkasse (Krüger-Brand 2018).

Online-Psychotherapie Der Wert der Videosprechstunden wird bei Psychiatern und Psychotherapeuten kontrovers diskutiert. Ein Pilotprojekt der AOK in Berlin-Wedding hat ergeben, dass Videosprechstunden in der Psychotherapie sinnvoll sein können (Heinrich 2017). Dies darf man auch für das Videocoaching bei Depressionen vermuten; immerhin hat ein zwölfmonatiges Telefoncoaching bei Depressionen gezeigt, dass dies auch zu einer signifikanten Reduktion der Gesamtleistungskosten für den Kostenträger führt (Gerlach-Reinholz et al. 2017).

Die Wirksamkeit der internetbasierten Psychotherapie ist in kontrollierten Therapiestudien für die Therapie von Angststörungen, leichten Depressionen und Zwängen belegt (Hautzinger und Fuhr 2018). Hauptziel der Online-Therapie soll neben den Beratungs- und Präventionsangeboten die Förderung des Selbstmanagements der Patienten sein.

Andererseits braucht Psychotherapie die körperliche Anwesenheit des Therapeuten, da nur so Übertragung und Gegenübertragung als grundlegender Prozess ermöglicht werden kann. Daher fordern Noack und Weidner (2018) zu Recht, dass „Face-to-Face"-Kontakte die zentrale Rolle bei der Psychotherapie einnehmen müssen.

Trotz vieler guten Erfahrungen mit den virtuellen Kontakten im Rahmen der Psychotherapie ist unbestritten, dass der direkte Kontakt und die persönliche Zuwendung durch keine Videosprechstunde ersetzt werden kann. Die soziale Rolle des Arztes gerade bei Alleinstehenden lässt sich durch nichts ersetzen. Der per Video zugeschaltete Arzt kann weder abtasten oder abhören, ja er kann seinen Patienten nicht mal anfassen oder seinen Geruch wahrnehmen. Daher ist nicht zu befürchten, dass „wegen Ärztemangel Ärzte-Callcenter in Indien zum Einsatz kommen" (Paulukat 2017). Paulukat befürchtet „im Zeitalter der digitalen Verdummung", dass die Skype-Sprechstunden einiger Unternehmen vor allem Geschäftemacherei sind.

Teleneurologische Beratung Das Telekonsil ist bei der Akutversorgung des Schlaganfalls etabliert (Nelles 2016 und 2017). Audebert (2016) kann sich vorstellen, dass in neurologisch unterversorgten Gebieten nicht nur Schlaganfallpatienten, sondern auch Notfälle mit Verdacht auf epileptische Anfälle, Delir, Meningoenzephalitis oder spinale Querschnittsyndrome zunächst vor Ort mit CT, Angio-CT, EEG und Liquor versorgt werden, bevor dann per Telemedizin die Weiterbehandlung oder alternativ die Verlegung in die Fachklinik entschieden wird.

Eine *Spezialsprechstunde per Telemedizin* bietet die Greifswalder neurologische Universitätsklinik seit 2016 für Parkinson- und Epilepsiepatienten an (Kessler 2017a, b). Mit diesem Modellprojekt soll die fachneurologische Expertise in den strukturschwachen Regionen Mecklenburg-Vorpommerns verbessert werden. Im Rahmen einer Videosprechstunde wird entschieden, ob der Patient zu Hause oder in der externen Klinik bleiben kann oder aber eine Verlegung nötig wird. Praktisch sitzt bei diesem Projekt der Arzt mit seinem Patienten vor dem Computer und der Spezialist in Greifswald bespricht mit ihnen die übertragenen Befunde sowie Röntgenbilder und entscheidet, ob eine Verlegung nötig ist.

> Insgesamt sind Videokonsultationen für Rückfragen, Beratungen, Verlaufskontrollen, Befundbesprechungen und das Einholen von Zweitmeinungen gut geeignet. Auch sind sie ein Instrument für die langfristige Begleitung chronisch kranker Patienten, die unnötig oft die Wartezimmer füllen.

Dass auch bei den ausschließlichen „Fernbehandlungen" medizinische Standards und Datenschutzanforderungen sicherzustellen sind, ist selbstverständlich. Dies gilt nicht nur für die geförderten Modellprojekte zur Fernbehandlung.

Telemedizinische Nachsorge bei Nierentransplantation Dieses in Niedersachsen laufende Projekt *NierenTx360°* schließt 3000 Erwachsene und 40 Kinder ein und soll die Dialysezeiten verkürzen und die Zahl der Rehospitalisierungen vermindern helfen. Alle ambulanten Nephrologen können an dem Projekt teilnehmen, die Führerschaft hat die Medizinische Hochschule Hannover (www.ntx360grad.de).

Frühchen-TV Einzelne Frühchenstationen in deutschen Perinatalzentren, so die Neugeborenenstation der Charité in Berlin und das Helios Klinikum Wuppertal, bieten einen Videostream von Frühchen an. So können Eltern und Geschwister per Kamera in Echtzeit über ein sicheres Online-Portal ihr Frühgeborenes auch von zu Hause aus betrachten.

Im Bildausschnitt sieht man immer nur das Frühchen, die Übertragungszeiten sind auf 10–12 und 19–21 Uhr begrenzt. Positiver Effekt ist, dass die infektionsgefährdeten, sensiblen Frühchen außer den Eltern nicht zu viel Besuch bekommen, trotzdem aber per Videostream begleitet werden können. Umstritten ist, ob es neben dem psychologischen auch einen medizinischen Vorteil des Videostream von Frühgeborenen gibt. Die Erfahrungen in der Charité lassen vermuten, dass Mütter, die vor dem Webcam-Bild des Kindes Milch abpumpen, eine deutlich gesteigerte Milchproduktion haben (Isringhaus 2017).

3.1.2 Notfall- und Intensivmedizin

3.1.2.1 Telemedizin im Rettungsdienst

Die Frage, ob Telemedizin als Notfallretter taugt, ist heute mit Ja zu beantworten. So ist die Effektivität telemedizinischer Anwendungen im Rettungsdienst vom Bayrischen Roten Kreuz (BRK) in mehreren Studien getestet worden (Meier F 2016). Mit den telemedizinischen Möglichkeiten schon vom Wohnzimmer und Krankenwagen aus sowie der strukturierten Voranmeldung in den Kliniknotaufnahmen konnten bei Herzinfarkt und Schlaganfall die Behandlungsabläufe in den Kliniken entscheidend verbessert werden. Bereits während der Anfahrt können die Ärzte der Notaufnahme sich ein Bild von dem Patienten machen, sehen, welche

Maßnahmen der Rettungsdienst bereits ergriffen hat und Vorbereitungen für die weitere Versorgung in der Klinik treffen.

Die Ergebnisse der Studien waren für die Notfallversorgung so überzeugend, dass mittlerweile alle 1250 Fahrzeuge der Notfallrettung in Bayern telemedizinisch ausgerüstet sind.

3.1.2.2 Audiovisuelle Telemedizin beim Schlaganfall

Der Schlaganfall benötigt zur optimalen Behandlung eine schnelle neurologische und neuroradiologische Erst- und Weiterversorgung, insbesondere, um möglichst früh nach dem Akutereignis die oft so segensreiche primäre systemische Lyse oder eine Katheterlyse mit Thrombektomie einsetzen zu können. Diese steht in Deutschland in den meisten Großkliniken der Maximalversorgung sowie den Universitätskliniken zur Verfügung, nicht aber in den Kliniken der Grund- oder Regelversorgung. Systemische Lyse, Thrombektomie und Stroke-Unit-Versorgung sind die einzigen evidenzbasierten Therapiemaßnahmen beim Schlaganfall und sollten daher allen Patienten – ggf. auch telemedizinisch – zur Verfügung stehen.

Eine telemedizinisch unterstützte Schlaganfallbehandlung ist überall dort nötig, wo Schlaganfallversorgung in Kliniken ohne neurologische Kompetenz betrieben werden muss, weil der Transport zur Fachklinik aus Zeitgründen („time is brain") unvertretbar lang wäre.

Kasuistik 10

Akutes rechtsseitiges Mediasyndrom als Folge einer rechtsseitigen Carotis-interna-Dissektion (Herr N., 46 Jahre)
Herr N. bemerkte vormittags aus voller Gesundheit in 5–10 Minuten zunehmende stärkste Schmerzen in der rechten Gesichtspartie; eine Tablette Aspirin habe kaum geholfen. Etwa eine Stunde später trat eine Lähmung der linken Körperhälfte auf. Er rief die Notfallnummer 112 an. Nach 10 Minuten traf der Krankenwagen ein. Dieser fährt ihn in die Notaufnahme der am nächsten gelegenen Klinik.

Der Notfallarzt der internistischen Abteilung vermutet wegen der akuten linksseitigen Hemiparese einen Schlaganfall, denkt aber wegen der akuten Kopfschmerzen auch an eine Subarachnoidalblutung oder eine Migraene accompagnée.

Laboruntersuchungen und EKG waren ohne Besonderheiten, insbesondere fanden sich weder Entzündungszeichen noch Herzrhythmusstörungen. Das danach sofort durchgeführte kraniale CT war ohne Blutungsnachweis und wies auch sonst – allerdings ohne Gefäßdarstellung – keine Normabweichungen auf. Nun stellt der internistische Notfallarzt eine telemetrische Videoschaltung mit der 20 km entfernten neurologischen Fachklinik her.

Der Neurologe untersucht den Patienten per Videochat unter Assistenz des Notfallarztes vor Ort. Er stellt fest, dass neben der Hemiparese Grad 4 für den linken Arm und das linke Bein am rechten Auge ein Horner-Zeichen (Ptose, Miosis, Enophthalmus) zu sehen ist. Den Nacken konnte der Patient auf Aufforderung problemlos bewegen, ein positives Nackenbeugezeichen war auch per neurologischer Videoanleitung durch den Notfallarzt untersucht nicht vorhanden. Das Horner-Zeichen ist als Hinweis für eine Läsion an der rechten Carotis interna mit Affektion des die Karotis umgebenden Sympathikusgeflechtes anzusehen.

Resümee: Der Neurologe vermutet im Videogespräch mit dem Internisten und in Anwesenheit des Patienten, dass es spontan oder mikrotraumatisch zu einer Einblutung in die rechte Carotis-interna-Wand gekommen ist; von hier hat sich ein Thrombus gelöst, und dieser ist als Embolus in die 15 cm weiter distal gelegene Aufzweigungsstelle der Carotis interna gewandert. Er bittet den Arzt noch um eine Angio-CT vor Ort und danach nach Bestätigung des Dissekates an der rechten Halsschlagader um eine schnellstmögliche Verlegung zur neurologischen Klinik. Eine zunächst geplante Lyse entfällt.

Die Verlegung in eine Stroke Unit war nötig, da nach persönlicher neurologischer „Kontroll"-Untersuchung und einem MRT des Gehirns zur Frage nach frühen Hirnschädigungszeichen zu entscheiden war, ob therapeutisch eine Antikoagulation sofort zur Verhinderung weiterer Thrombenbildung oder erst – wegen Einblutungsgefahr – nach 10–14 Tagen erfolgen muss.

Bei der Kontrolle nach der Verlegung hatte die linksseitige Hemiparese nicht zugenommen und im MRT zeigten sich keine eindeutigen Nekrose- oder Ödemzeichen im Versorgungsgebiet der rechten A. cerebri media. Damit war eine sofortige Antikoagulation mit Heparin intravenös indiziert. Der erst 46 Jahre alte Patient konnte nach 13 Tagen die Klinik zu Fuß verlassen; als Ursache der Dissektion war eine spontane Dissektion in der Karotiswand anzunehmen, für ein Trauma oder eine angeborene Bindegewebsstörung (Marfan-Syndrom) gab es in der Anamnese kein Anhalt.

Wird auf dem flachen Land ein Schlaganfall vor Ort per Notruf 112 gemeldet, ist beim Verdacht auf Schlaganfall eine schnellstmögliche ärztliche Erstversorgung zu Hause und auf dem Transport in das nächst gelegene Krankenhaus zu organisieren. Der Arzt der Notaufnahme der Klinik sollte bereits telefonisch oder online während des Transports mit den ersten Notfallwerten (Bewusstseinslage, Lähmungen, Gefühlsstörungen, Labor, EKG) informiert werden. In der Kliniknotaufnahme werden Vorbereitungen unter anderem für eine sofortige CT-Untersuchung des Kopfes getroffen, sodass nach der ärztlichen Untersuchung die sofortige Versorgung mit

Monitoring und CT erfolgen kann. Vor dem CT ist die neurologische Anamnese und Untersuchung neben speziellen Laboruntersuchungen zwingend nötig.

In Deutschland gibt es derzeit 296 zertifizierte Stroke Units; allerdings fehlt auf dem flachen Land in Flächenstaaten noch oft die neurologische Expertise. Diese ist aber zwingend zu fordern, da sowohl die systemische Lyse als auch die mechanische Thrombektomie neurologisches Spezialwissen benötigen, um den Patienten bei diesen eingreifenden Behandlungsmaßnahmen vor Therapieschäden zu schützen. Lysen, Thrombektomie sowie die Behandlung auf einer spezialisierten Stroke Unit gehören zu den einzigen evidenzbasierten Therapien des Schlaganfalles, sind aber auch mit ernsten Nebenwirkungen belastet (Breuer et al. 2017).

Tele-Stroke-Unit-Konzept
Die Lösung zur flächendeckenden und fachgerechten Schlaganfallbehandlung in Deutschland gelingt nur mit der Telemedizin. In den USA wurde mit dem Projekt *telestroke* bereits 1999 begonnen (Bork et al. 2018). In Deutschland hat 2003 der bayrische Neurologe Heinrich Audebert das Projekt *TEMPIS* initiiert; mittlerweile werden über 6000 Schlaganfallpatienten jährlich im TEMPIS-Netzwerk in 19 regionalen Kliniken Südostbayerns behandelt (Audebert 2016).

Hintergrundinformation
In den über 120 Helios Kliniken wurde 2006 das *Neuronet* etabliert, wobei 4 neurologische Kliniken der Maximalversorgung (Wuppertal, Erfurt, Schwerin und Berlin-Buch) wechselweise für alle übrigen Helios Kliniken telemedizinisch die neurologische und neuroradiologische Expertise beim akuten Schlaganfall 24 Stunden über 7 Tage die Woche vorhalten.

Deutschlandweit sind im Jahre 2017 mittlerweile 11 telemedizinisch vernetzte Stroke Units DSG-zertifiziert (Breuer et al. 2017).

Zurück zur Kasuistik 10: Wenn keine neurologische Kompetenz vor Ort vorliegt, wird eine *Videokonferenz mit telemedizinischer Untersuchung* zwischen dem diensthabenden Neurologen der nächst gelegenen zugeschalteten neurologischen Klinik und dem diensthabenden Arzt sowie dem Patienten hergestellt.

Der Neurologe stellt sich auf dem großen, für den Patienten gut sichtbaren Bildschirm vor und erfragt unter anderem, welche Vorerkrankungen bestehen und wann beispielsweise die akute linksseitige Halbseitenlähmung aufgetreten ist. Per Video fordert der Neurologe den Patienten zu

Augenbewegungen und Fingerzeigeversuchen auf, die Muskeleigenreflexe, Sensibilität, Koordination und Muskeltonus prüft der internistische Kollege auf Anweisung des per Video mit beobachtenden Neurologen. So entsteht ein Gesamtbild mit dem klinisch dringenden Verdacht eines Schlaganfalles.

In der erstaufnehmenden Klinik erfolgt neben Blutuntersuchungen und einem EKG auch ein kraniales CT oder MRT des Gehirns mit Gefäßdarstellung, um zum Beispiel einen akuten Verschluss der A. cerebri media auf dem Boden einer Embolie zu finden.

Wenn das kraniale CT oder MRT ca. 3–4 Stunden nach Beginn der Symptomatik noch unauffällig war, kann bei einem Thrombusverschluss der A. cerebri media eine Lyseindikation bestehen. Diese würde man aus Zeitgründen – „time is brain" – sofort unter Videoanleitung beginnen. Ob und wann je nach Lyseergebnis dann später eine Verlegung in die zuständige Stroke Unit zur Weiterbehandlung, wie zum Beispiel einer Thrombektomie, erfolgt, ist gemeinsam zum alleinigen Vorteil des Patienten und der Frage der Transportfähigkeit zu entscheiden.

Die Kasuistik 7 (Abschn. 2.1.3) zeigt, dass die Lysetherapie – nach strenger Prüfung aller Kontraindikationen – vor Ort auch in internistisch geführten Kliniken eingeleitet und ggf. vor Ort fortgeführt werden darf. Bei einem Misserfolg der Lyse nach 60 Minuten ist aber eine Verlegung in eine neurologische Klinik der Maximalversorgung mit neuroradiologischer Kompetenz nötig. Dazu hatte man vorab im Rahmen einer ärztlichen *Videokonferenz* den Neuroradiologen informiert und die Indikation einer Thrombektomie oder weiterer Diagnostik wie Liquorentnahme diskutiert.

Die beiden Krankheitsverläufe der Kasuistiken 7 und 10 zeigen, dass der Schlaganfall eine Modellerkrankung für die telemedizinische Versorgung über videogestützte Anamnese sowie neurologische Untersuchung und Teleradiologie ist. *Telemedizinische Schlaganfallnetzwerke* sind mittlerweile in Deutschland verbreitet und Teil der Regelversorgung. Auch die telekonsiliarische Indikationsstellung der Lysetherapie nach audiovisueller neurologischer Untersuchung hat sich als sicher erwiesen (Hubert et al. 2016). Gerade in ländlichen Regionen mit fehlender Facharztkompetenz lässt sich so dank der Telemedizin eine moderne Patientenversorgung durchführen.

Das Tele-Stroke-Unit-Konzept hat in den letzten Jahren gezeigt, dass sich auch fokalneurologische Symptome – so in Kasuistik 10 das Horner-Syndrom – sehr gut audiovisuell erfassen lassen. Damit ist die Telekonsultation wegen des engen Zeitfensters für die Lysebehandlung – „time is brain" – einem Patiententransport in die nächste Fachklinik oder einer Vorortkonsultation durch externe Konsilärzte vorzuziehen.

Grundlage jeder telemedizinischen Schlaganfalluntersuchung ist die Videokonferenz zwischen den beteiligten Ärzten, die teleradiologische Mitbewertung und besonders die audiovisuelle Kommunikation sowie Untersuchung des Patienten durch einen Hirnspezialisten.

Hintergrundinformation

Zum Stand 31. Januar 2015 gab es in Deutschland 264 Stroke Units (SU), wovon 99 überregional neurologisch geführt wurden; diesen überregionalen Stroke Units (ÜR-SU) waren 10 Tele-Stroke-Units angeschlossen (Nabavi et al. 2015). Mittlerweile sind weitere telemedizinische Verbindungen zwischen internistischen Kliniken der Grund- oder Regelversorgung und größeren neurologisch-neuroradiologisch geführten Stroke Units etabliert worden.

Bei einer überregionalen Stroke Unit sind mindestens 2 Neurointerventionalisten mit ausreichender Expertise obligat, die dann auch telemetrisch jederzeit zur Verfügung stehen.

Fragen des Berufsrechtes oder der Abrechenbarkeit, wie sie im ambulanten Bereich, immer wieder aufkommen, spielen im stationären Bereich einer Fachklinik keine Rolle.

Seit 2010 wurden auch weltweit neurologische Zentren mit telemedizinischer Beratung aufgebaut. So wird seitens des Nordwest-Krankenhauses Frankfurt die neurologische Notfallversorgung über 24 Stunden und 7 Tage in der Woche kontinuierlich über eine Distanz von 12.000 km mit Brunei in Darussalam gewährleistet (Meyding-Lamade et al. 2017).

3.1.2.3 Telematik auf Intensivstation

Das Projekt *Telematik* in der Intensivmedizin (TIM) ist eine Plattform für den Austausch zwischen intensivmedizinischen Experten an Universitätskliniken und den behandelnden Ärzten in den zugeordneten Krankenhäusern der Grund- und Regelversorgung. Damit soll die Mortalitätsrate von 40 % bei Sepsis dadurch reduziert werden, dass das Krankheitsbild früher erfasst und die adäquate Therapie schneller noch vor Ort eingeleitet werden kann (Details siehe www.egesundheit.nrw.de).

Mit 20 Millionen Euro aus einem Innovationsfond wird ein Verbundprojekt der Universitätskliniken Aachen und Münster zusammen mit 17 peripheren Kliniken und über 100 Arztpraxen unterstützt. Patienten mit intensivmedizinischen, insbesondere auch infektiologischen Fragen sollen hier telemedizinische Hilfe unter TELnet@NRW erhalten (www.telnet.nrw).

Mitten im Busch von Tansania – in Sanya Juu am Fuße des Kilimandscharo – betreibt der Orden der Holy-Spirit-Sisters ein Gesundheitszentrum. Es ist eine Anlaufstelle für 200.000 Menschen. Seit 2008 wurde mithilfe des Rotary Clubs RC Kronenberg eine telemedizinische Ausrüstung aufgebaut, um so bei Problemfällen in der Intensivmedizin, Radiologie und Pathologie mit Spezialisten weltweit beraten zu können (Kaiser 2017).

3.1.3 Telerehabilitation

Die Telerehabilitation ermöglicht eine Rehabilitation im häuslichen Umfeld des Patienten. Es fehlen aber noch größere Studien, die belegen, dass die Online-Telephysiotherapie und Online-Telelogopädie der persönlichen Physio- oder Logopädie gleichwertig ist (Rollnik et al. 2017).

Telesprachtherapie Bei der telemedizinische Sprachtherapie sehen sich Therapeut und Patient gegenseitig auf einem der 2 Bildschirme; auf dem zweiten Bildschirm wird Therapiematerial dargestellt. Mit der Demonstration beispielsweise von Objekten des täglichen Lebens und der Aufforderung zur deren Benennung wird die Wortfindung trainiert. Der interaktive audiovisuelle Onlinedialog erfolgt kontinuierlich durch Supervision der Telesprachtherapeuten. Die Ergebnisse einer Teleaphasietherapie sollen beim Vergleich der beiden Studienarme genauso effizient sein wie die konventionelle Rehabilitation (Keidel et al. 2017).

Teledysarthrophonietherapie Die telemedizinische Dysarthrophonietherapie wurde bei 18 Parkinson-Patienten in gleicher Weise mit einer Kontrollgruppe überprüft, welche die klassische persönliche logopädische Behandlung erhielt. Auch hierbei zeigte sich ein gleicher klinischer Erfolg. Trotz der noch geringen Zahl an Studienteilnehmern schlussfolgern Keidel und Mitarbeiter, dass diese neurorehabilitative Teletherapie die therapeutische Leistung „enthospitalisieren" kann. Für die Zukunft ist eine Erweiterung geplant, sodass an mehreren Orten – 2 oder 3 Wohnzimmern – gleichzeitig logopädisch behandelt werden könnte.

Telebewegungstherapie Eine telemedizinische Bewegungstherapie der unteren Extremitäten bietet der elektronische Helfer *MeineReha* an. Dieses System kann in ländlichen Gebieten ohne Physiotherapieangebot den Rehaerfolg gewährleisten. In Abschn. 4.2.2 wird der sprechende Serviceroboter *Roreas* beschrieben, der die Gehfähigkeit bei Schlaganfallpatienten in Rehakliniken und zu Hause trainiert. Er wurde von der Metral abs GmbH unter Partnerschaft der Barmer GEK entwickelt. Der dauerhafte Einsatz auch zu Hause ist nur eine Frage von Jahren.

Langzeitbeatmung Das Projekt *Bea@home* will mithilfe von Telemedizin die häusliche Pflege von langzeitbeatmeten Patienten verbessern helfen. 3 von 4 Befragten sind nach einer aktuellen Forsa-Umfrage in Deutschland überzeugt, dass Roboter in naher Zukunft auch eine wichtige Rolle in der Pflege übernehmen werden (Hillienhof 2016).

3.2   Zukunftsmodelle

Das Deutsche Telemedizinportal (siehe www.telemedizinportal.gematik. de/) verzeichnete im Jahre 2016 mehr als 250 Projekte, die Methode, Ziele und Versorgungsbereiche betreffen. Diese Projekte sind zum Teil zu Standardprogrammen umgewandelt worden.

3.2.1 Videosprechstunde und Telemedizin bei seltenen Erkrankungen

In Zukunft dürfte gegen den Ärztemangel auf dem Land eine Lösung sein, dass Patienten ihren Arzt per Videosprechstunde kontaktieren können. Das bis Mai 2018 geltende Fernbehandlungsverbot galt ja nicht für teleradiologische Untersuchungen und Beratungen, da diese ohne unmittelbaren physischen Kontakt zulässig waren. Gleiches gilt für Notfälle, erinnert sei an die bestehende, funkärztliche Versorgung auf hoher See oder bei Einsätzen in Militärregionen. Unabhängig vom Fernbehandlungsverbot – in einigen Ländern ist die allgemeine krankheitsbezogene Beratung durch Ärzte im Online-Chat berufsrechtlich erlaubt (Krüger-Brand 2016).

Telemedizin wird in den nächsten Jahren auch zur Überbrückung der Entfernungen zu Spezialzentren für seltene Erkrankungen etabliert werden. Gerade für Studien und Telemonitoring bei seltenen Erkrankungen kann der Ausbau der Telemedizin entscheidend weiterhelfen (Schöls et al. 2018).

3.2.2 Nichtärztliche Versorgungsassistenten

Medizinische Sprechstunden könnten in Zukunft in unterversorgten Regionen immer mehr auch von Versorgungsassistenten übernommen werden. Dabei würde der Arzt besonders bei den Haus- oder Heimbesuchen des Assistenten bedarfsweise zur fachlichen Unterstützung aus seiner Praxis hinzugeschaltet werden. Er würde dann zusammen mit Assistent und Patient eine Videokonferenz abhalten. Ebenso wären in Zukunft Dreiergespräche mit Hausarzt, Facharzt und Patient möglich.

Dass Ärzte gegenüber dieser Entwicklung skeptisch sind, liegt an dem Erlaubnisvorbehalt (siehe oben), der fehlenden Vergütung und der fehlenden Genehmigung für eine **ausschließliche** Fernbehandlung unter Einschluss eines nichtärztlichen Versorgungsassistenten. Auch besteht die Sorge, dass sie dann rund um die Uhr für Patienten erreichbar und Privat- und Berufsleben nicht mehr zu trennen sind.

Der Hausarzt Dr. Thomas Assmann arbeitet in der oberbergischen Gemeinde Lindlar und führt seit Herbst 2015 ein Telemedizinprojekt in seinem Landkreis durch. Statt seiner bisherigen Hausbesuche, die ihn bei 10 Minuten Patientenkontakt bis eine Stunde Fahrzeit kosteten, wird der Patient jetzt von einer medizinischen Versorgungsassistentin besucht. Diese kann vor Ort eine der mitgebrachten Medizingeräte – EKG, Blutdruckmessgerät, Pulsoxymeter, Blasenultraschall, Waage, Lungenfunktionstest – einsetzen und die Daten sofort vom iPad in die Patientenakte einspielen. Nach Erhalt der aktuell erhobenen Befunde kann Dr. Assmann dann im Videochat vom Patienten beispielsweise die rosigen oder blauen Lippen, das Lachen im Gesicht oder die monotone Sprechweise bei strenger Mimik erfassen und aus der Ferne eine Diagnose stellen. Dr. Assmann glaubt fest an dieses Projekt, da er dank Telemedizin und Datenerfassung vor Ort durch eine medizinisch technische Assistentin (MTA) wieder Zeit für seine Patienten gewinnt (Holtgreve 2017).

3.2.3 Rehaklinik der Zukunft

Das Fraunhofer-Institut in Berlin hat unter dem Namen *MyRehab* eine Therapieart für Übungen zu Hause entwickelt. Der Patient benötigt einen Computer mit spezieller Kamera, ein Fernsehgerät und Sensoren, die je nach Übungsart zum Beispiel in den Brustgurt eingebaut sind. Eine künstliche Figur führt die Übungen vor, mit Kamera und Sensoren wird kontrolliert, ob die Übungen richtig nachgemacht werden. Bei Bedarf können sich Physiotherapeut oder Arzt jederzeit beratend einklinken (Müller 2014); weitere Einzelheiten siehe http://daebl.de/PW29.

3.2.4 Drohnen im Notfalleinsatz

Die Mehrzahl der derzeitig über 400.000 Drohnen in Deutschland sind Minidrohnen und werden von Privatleuten genutzt. Videos, wie sie von Privatleuten mit Minidrohnen und darin eingebauten Kameras aufgenommen werden, könnten in naher Zukunft auch Thema in der Notfallmedizin werden.

Hintergrundinformation

Drohnen ähneln einem Modellhubschrauber, haben meist 4–8 Propeller und sind nicht größer als einen Meter. Sie fliegen elektrisch, ihre Akkus reichen bis 30 Minuten und die Reichweite liegt noch unter 10 Kilometer. Gesteuert werden sie von tragbaren Bedienpulten, die sich auch mit Drohnen-Apps im Smartphone verbinden lassen (Scherff 2016).

Bewaffnete Drohnen werden wie Kampfflugzeuge eingesetzt und werden aus dem Computerraum fern vom Feindesgebiet ferngesteuert. *Notfalldrohnen* werden von Polizei und Feuerwehr bei Verkehrsunfällen und Waldbränden eingesetzt.

Mithilfe *kommerzieller Drohnen* besprühen Weinbauern ihre Weinberge mit Pflanzenschutzmitteln. Amazon und DHL testen Drohnen zu Pakettransporten in entlegene Gebiete auf Inseln oder Bergspitzen. Dabei besteht das Ziel, die Drohnen ganz autonom, also ohne Steuerung durch Piloten am Boden, fliegen zu lassen.

Autonom fliegende Drohnen sind in der Notfallmedizin zur Beförderung von besonders dringenden Medikamenten eine echte Alternative zu Transporten mit Hubschraubern oder Notfall-Pkws.

Kasuistik 11

Insulinpflichtiger Diabetes mellitus, Drohneneinsatz wegen Hyperglykämie und Insulinbedarf (Herr J., 75 Jahre)

Am 3. Juli 2016 kam es im Tauerntal zu einem Gerölllawinenabgang, der die Einsatzwege sowohl zur nächsten Hütte als auch dem einzigen Restaurant versperrte. Mit einem Durchkommen der Rettungssanitäter war erst in 6–8 Stunden zu rechnen, ein Hubschrauber stand nicht zur Verfügung. In der Wandergruppe war ein rüstiger 75 Jahre alter Diabetiker, der seine Abendinsulindosis nicht bei sich hatte, da keiner von einem Wetterumschwung oder gar einer Lawinengefahr gesprochen hatte.

Mit zunehmender Wartezeit kam es bei Herrn J. zu einer vermehrten Konzentrationsstörung sowie leichter Benommenheit. Herr J. konnte mit Hilfe seiner Frau am Blutstropfen der Fingerbeere den Blutzucker bestimmen. Der Wert lag bei 380 mg/dl. Jetzt war Insulin zur Blutzuckersenkung dringend nötig. Die Ehefrau rief bei der Rettungsdienststelle an, beschrieb die Situation und erbat die Zusendung von Insulin.

Der einzige Hubschrauber mit Sanitätsbesatzung war gerade bei einem weiteren Einsatz, sodass eine Drohne mit GPS-System und kleinem Medikamentenkoffer mit Insulin und Spezialspritze ausgestattet wurde. Die Lokalisation der Wandergruppe war für die Drohne leicht möglich, weil das Ehepaar ein Smartphone mit GPS-System besaß. Der Patient spritzte sich Insulin und klarte wieder auf. Gleichzeitig nahm er ausreichend Flüssigkeit zu sich, sodass er und die gesamte Wandergruppe nach 4 Stunden unversehrt am spä-ten Abend befreit werden konnten.

Videobesetzte Drohnen sind auch im Notfalleinsatz vorstellbar, wenn zum Beispiel bei akuten Delirien mit Fremd- und Eigengefährdung ein anderer Kontakt zum Patienten nicht mehr möglich ist. Solche Beispiele hat Eggers (2014) noch als Science-Fiction beschrieben, dürften aber in Sonderfällen schon bald Realität werden.

In Lawinengebieten kann der Drohneneinsatz zum Transport von Notfallmedikamenten, wie Insulin beim Zuckerkranken oder Kortisonspray bei Asthmaanfall, lebensrettend sein und den ärztlichen Hubschraubereinsatz ersetzen. Ist die Drohne mit Video und Gegensprechanlage ausgestattet, lassen sich ärztliche Hilfsmaßnahmen in Ausnahmesituationen wie Suiziddrohungen hilfsweise vorstellen, wenn noch kein besserer Kontakt zum Patienten möglich ist.

Literatur

Audebert HJ (2016) Neurologische Fernexpertise: Nur beim Schlaganfall oder auch sonst? Referat auf dem DGN-Forum2: Online-Neurologie in Mannheim am 22.09.2016. Nervenarzt 88:329

Balzter S (2017) Bei Anruf Diagnose. F.A.S. 50:26

Bork U, Weitz J, Penter V (2018) Apps und Mobile Health. Dtsch Ärztebl 115(3):C57–60

Breuer L, Erbguth F, Oschmann P, Schwab S (2017) Telemedizin: Qualität und Flächendeckung – kein Widerspruch. Nervenarzt 88:130–140

Broglie M, Krüger L (2018) Delegation der funktionellen endoskopischen Evaluation des Schluckens an Logopäden. Nervenarzt 89:S234–236

Dtsch Ärztebl (2015) Herzinsuffizienz: Rheinland-Pfalz fördert Telemedizin. Dtsch Ärztebl 112(39):C1291

Dtsch Ärztebl (2016) Patienten wünschen sich Technik. Dtsch Ärztebl 113(48):C1812

Eggers D (2014) Der Circle. Kiepenheuer & Witsch, Köln

Erdogan B (2016) „Dr. Google hat jetzt Zeit für Sie!" – Aufbruch in die digitale Medizin? Rhein Ärztebl 3:12–14

Gerlach-Reinholz W, Drop L, Basic E, Rauchhaus M, Fritze J (2017) . Telefoncoaching bei Depressionen. Nervenarzt 88:811–818

Hautzinger M, Fuhr K (2018) Kann die Online-Therapie die Psychotherapie sinnvoll ergänzen? Pro. Nervenarzt 89:94–95

Heinrich C (2017) Treffen im virtuellen Sprechzimmer. Die Zeit 22:33

Hillienhof A (2016) Frührehabilitation: Reha-Roboter unterstützt Training von Schlaganfallpatienten. Dtsch Ärztebl 113(21):C869

Holtgreve H (2017) Damit der Landarzt besser helfen kann. In: Campbell J, Flores C (Hrsg) Aufbruch Daten. Wie Informationen das Leben vereinfachen. Google, Mountain View, S 5

Hubert G, Handschu R, Barlinn J, Berrouschot J, Audebert HJ (2016) Telemedizin beim akuten Schlaganfall. Akt Neurol 43:615–623

Isringhaus J (2017) Frühchen-TV für Eltern. Rheinische Post 6. März, S A3

Kaiser C (2017) Telemedizin am Kilimandscharo. Rotary Magazin Februar-Heft, S 72

Keidel M, Vauth F, Richter J, Hoffmann B, Soda H, Griewing B, Scibor M (2017) Telerehabilitation nach Schlaganfall im häuslichen Umfeld. Nervenarzt 88:113–119

Kessler C (2017a) Video-Spezialsprechstunden in Mecklenburg-Vorpommern. Nervenarzt 88:330

Kessler C (2017b) Tele-Netz versorgt strukturschwache Gebiete Mecklenburg-Vorpommerns. Forum neurologicum Akt Neurol 44:129

Krüger-Brand HE (2016) Telemedizin. Hinweise zur Fernbehandlung. Dtsch Ärztebl 113(1–2):C8–9

Krüger-Brand HE (2018) Strategien für den Innovationstransfer. Dtsch Ärztebl 115(1–2):C13–15

Meier F (2016) Frage der Woche. Dtsch Ärztebl 114(27–28):4

Meier R (2016) Die Tele-Clinic-München – ein Modell der ergänzenden ambulanten Versorgung? Referat auf dem DGN-Form 2: Online-Neurologie in Mannheim am 22.September 2016. zitiert aus dem Forum neurologicum Akt Neurol 2017 44:129–130

Meyding-Lamade U, Craemer EM, Lamade EK et al (2017) „Mission (im) possible". Aufbau eines neurologischen Zentrums 12.000 km entfernt mittels Telemedizin. Nervenarzt 88:141–147

Müller MU (2014) Doktor Web. Der Spiegel 46:86–87

Nabavi DG, Ossenbrink M, Schinkel M, Koennecke HC, Hamann G, Busse O (2015) Aktualisierte Zertifizierungskriterien für regionale und überregionale Stroke-Units in Deutschland. Nervenarzt 86:978–988

Nelles G (2016) DGN forum 2: Online-Neurologie- helfen Telemedizin, Apps & Co. wirklich? Der Nervenarzt 8:904

Nelles G (2017) Teleneurologie – Chancen und Risiken. Forum neurologicum der Deutschen Gesellschaft für Neurologie. Akt Neurol 44:126–130

Noack R, Weidner K (2018) Kann die Online-Therapie die Psychotherapie sinnvoll ergänzen? Kontra. Nervenarzt 89:96–98

Paulukat D (2017) Leserbrief zur Videosprechstunde. Dtsch Ärztebl 114(7):C278

Rietdorf A (2015) NRWs erste Online-Video-Sprechstunde. Rheinische Post 16. September, S C3

Rollnik JD, Pohl M, Mokrusch T, Wallesch CW (2017) Telerehabilitation kann die klassische neurologische Rehabilitation nicht ersetzen. Nervenarzt 88:1192–1193

Scherff D (2016) Drohnen überall. F.A.S. 47(27. November):S36

Schöls L, Gasser T, Krägeloh-Mann I, Graessner H, Klockgether T (2018) Zentren für seltene neurologische Erkrankungen. Akt Neurol 45:178–186

Schwarz T (2016) Telemedizin holt Experten an Bord. Dtsch Ärztebl 113(48):C1811

Strömer K (2017) zitiert aus: Rietdorf A Gesundheit. Rheinische Post, 22. Juni 2017, S C6

Wanka J (2016) Patienten wünschen sich Technik. Dtsch Ärztebl 113(48):C1812

4

Künstliche Intelligenz und Robotermedizin

Unter *Intelligenz* versteht man die Fähigkeit, insbesondere durch abstraktes logisches Denken Probleme zu lösen und zweckmäßig zu
handeln. Intelligenz ist typischerweise mit Kreativität, Lern- und
Innovationsfähigkeit gepaart. Kognitive Fähigkeiten des Menschen werden
im Intelligenztest gemessen, der aus einem Verbalteil und Handlungsteil
besteht. Die Ergebnisse beider Anteile zusammen ergeben den
Intelligenzquotienten (IQ).

> Bei der *Künstlichen Intelligenz* (KI), auch artifizielle Intelligenz genannt, han-
> delt es sich um ein Teilgebiet der Informatik, das sich mit der „Automatisierung
> intelligenten Verhaltens" befasst.

Computer sind sehr gut sowohl im Speichern von Datenmengen als auch
im Erkennen von Mustern darin, die für den Menschen zu subtil sind; diese
Befähigung nennt man eine *formale Intelligenz* im Gegensatz zur *emotionalen
Intelligenz*, worin die Computer noch sehr schlecht sind.

> Im Allgemeinen bezeichnet KI den Versuch, eine menschenähnliche Intelligenz
> nachzubilden, das heißt einen Computer zu bauen und so zu programmieren,
> dass er „eigenständig" Probleme bearbeiten kann.

© Springer-Verlag GmbH Deutschland, ein Teil von Springer Nature 2018
J. Jörg, *Digitalisierung in der Medizin*,
https://doi.org/10.1007/978-3-662-57759-2_4

Erste Anwendungen fanden mit Computerspielen statt.

Die Künstliche Intelligenz hält mit dem maschinellen Lernen („machine learning", ML) als ihrem wesentlichsten Teilbereich immer mehr Einzug in unseren Alltag. Der große Unterschied zwischen maschineller und menschlicher Intelligenz ist die Tatsache, dass Maschinen etwas „erkennen", Menschen aber auch etwas „verstehen" können. Künstliche Intelligenz kann Dinge mit hoher Geschwindigkeit und ohne Pausen erledigen, die Menschen nicht beherrschen oder die ihnen schwerfallen.

In den kommenden Jahrzehnten werden künstliche Systeme wie die KI immer mehr lernen. Trotzdem gibt es immer *Alleinstellungsmerkmale des Menschen* gegenüber den Maschinen:

Alleinstellungsmerkmale des Menschen

- Empathie
- Nächstenliebe
- Fantasie
- Kunst
- Flexibilität, körperlich und geistig
- Erfindungsgabe
- Fähigkeit zum Perspektivwechsel

Maschinen erkennen im Gegensatz dazu Muster selbst in größten Datenmengen, aber entwickeln kein echtes kognitives Verständnis (Schnabel 2018).

Für maschinelles Lernen ist die Software-Bibliothek *TensorFlow* am nützlichsten; sie wurde von Google entwickelt und ist frei verfügbar. Beim maschinellen Lernen generiert die Software ihr Wissen aus Erfahrungen, die sie macht. Der Mensch gibt die Richtung vor, letztlich „erkennt" aber die Maschine die Muster im Laufe des Trainings selbst. Wenn die Muster in digitaler Form vorliegen, ist es dem Computer egal, ob es Texte, Zahlen, Bilder, Musik oder sonstige Daten sind. Computer „lernen" Muster mithilfe von ML selbstständig; sie erkennen Strukturen und klassifizieren sie. Der Unterschied zum Arzt besteht darin, dass der Computer Tausende von Daten, Bildern und Mustern in Bruchteilen von Sekunden bearbeiten und klassifizieren kann (Hahn 2017). Das so erworbene „Wissen" wird dann auf alle weiteren neuen Fälle und Daten angewandt. Mit TensorFlow kann sich jeder Interessierte mit maschinellem Lernen beschäftigen; die Hauptentwicklungsfelder sind derzeit die Spracherkennung, die

Übersetzungsfunktion in mittlerweile 103 Sprachen und die Bilderkennung (Forster 2017).

Im Gesundheitssystem sind an erster Stelle der KI die *Datenintelligenz* und die *Robotermedizin*. Der KI-Forscher Daniel Sonntag spricht von der künstlichen Datenintelligenz und den Assistenzrobotern im Gesundheitssystem (zitiert aus: Gießelmann 2017b)

Roboter sind technische Apparaturen, die den Menschen meist mechanische Arbeit abnehmen und von Computerprogrammen gesteuert werden. Man spricht auch von *humanoiden Robotern*, wenn sie menschenähnliche Arbeiten verrichten und von Menschen wegen ihrer Augen, ihres Gesichtes und ihres Charmes gemocht werden. Von *intelligenten Robotern* spricht man, wenn sie über verschiedene, meist akustische und optische Sensoren verfügen und damit in der Lage sind, den Programmablauf selbsttätig den Veränderungen der Aufgabe und der Umwelt anzupassen.

4.1 Künstliche Intelligenz

Künstliche Intelligenz (KI) bezeichnet im engsten Sinne eine Computer-Software, die menschliche Intelligenz mechanisiert, also aus großen, unstrukturierten Datenmassen eigenständig „Muster" erkennen und Wissen aufbauen sowie „intelligente" Entscheidungen treffen kann. Das maschinelle Lernen funktioniert um so besser, je mehr riesige Datenmengen zum Trainieren und zum Durchforsten nach Mustern vorliegen.

Maschinen haben Schachprofis geschlagen, Texte geschrieben, Bilder gemalt und sind dabei, Arbeitswelt und Gesellschaft zu revolutionieren. Seit 1988 wird in Deutschland mit Gründung des Deutschen Forschungszentrums für Künstliche Intelligenz (DFKI) an Sprachsoftware, Bilderkennung und Kommunikation zwischen Mensch und Maschine geforscht.

In der digitalisierten Medizin unterscheidet man 3 Komponenten der KI:

- *Kognitive Intelligenz*: Das KI-System „merkt" sich ausgewählte Situationen, setzt sie in einen kausalen Zusammenhang und „lernt" daraus für spätere Handlungen.
- *Soziale und emotionale Intelligenz*: Das KI-System erkennt unter anderem über die Gesichtserkennung und die Sprachanalyse Stimmungen, verarbeitet diese und nimmt in menschlicher Gesellschaft seine Rolle im sozialen Umfeld ein. Beim Menschen spricht man von emotionaler und

sozialer Kompetenz, die von der kognitiven Befähigung – erfasst im IQ – abzugrenzen ist.

- *Sensomotorische Intelligenz*: Das KI-System erkennt mit seinen „optischen Sensoren" einen Gegenstand und kann sich „motorisch" auf diesen zu bewegen und ihn je nach Aufgabe ergreifen. Mit der „akustischen Kompetenz" können Computer als Roboter Fragen beantworten oder korrigieren.

Eine Übersicht über die KI gelingt am besten mit der Unterteilung in die künstliche Datenintelligenz, die Spracherkennung sowie die Bild- und Gesichtserkennung.

Der Technik-Pionier Kevin Ashton spricht auch von dem *„Internet der Dinge"* (zitiert aus: Kloepfer 2017). Damit meint er eine Weiterentwicklung des Internets, bei dem alltägliche Gegenstände in die Lage versetzt werden, Daten zu senden und zu empfangen. Hierzu sind unterschiedlichste Sensoren nötig, wie Kameras, Mikrophone, GPS, Chips etc. Die Sensoren sammeln Daten und geben sie an das Internet zur weiteren Analyse weiter. Resultat dieser Sammlung und Analyse im Computer ist es festzustellen, was um uns herum jeweils passiert. Darüber hinaus kann der Computer aus diesen gesammelten Daten Schlüsse ziehen und daraus „lernen". Die Algorithmen zum Erlernen mithilfe der Software stammen vom Menschen selbst; ein Kontrollverlust oder gar Sorge, die Maschinen könnten die Menschen beherrschen, ist nach Meinung von Ashton nicht berechtigt.

4.1.1 Künstliche Datenintelligenz

Die Masse an medizinischen Daten (Big Data) – selbst nur beim einzelnen Patienten – lässt sich heute nur noch durch Automatisierung analysieren. Die KI trägt zur Automatisierung der Big-Data-Analyse ganz wesentlich bei, da nicht mehr Zeile für Zeile programmiert werden muss, sondern KI auch Lernfähigkeit und selbstständige Weiterentwicklung bedeutet.

Ein Algorithmus ist eine klare Handlungsvorschrift („Rezept") zur Lösung eines Problems. Um korrekt zu entscheiden, brauchen Algorithmen viele zuverlässige Daten (Kretschmer 2018). Algorithmen lernen dabei selbstständig Muster in den Datenmassen zu erkennen. Damit erlauben Algorithmen das Erkennen von Schrift, Sprache oder Muster, sodass auch diagnostische oder statistische Aufgaben gelöst werden können. Damit ist es mit der KI auch möglich, bessere Entscheidungen zu treffen.

Große Datenmengen, sog. Big Data, sind für seltene Diagnosen und für neue Therapieformen eine große Chance, wenn die menschliche Nähe nicht verloren geht. Mit der KI lassen sich Muster in komplexen, nicht mehr überschaubaren Datenmengen entdecken.

Watson

Die KI von IBM heißt *Watson* und ist nach dem Firmengründer Thomas J. Watson benannt. Dieses IBM-Computer-Programm analysiert Sätze und deren Kontext, holt sich selbstständig Informationen aus dem Internet und zieht eigene Schlüsse daraus. Der IBM-Computer *Watson* verfügt über die Fähigkeit, Diagnosen und Therapien anhand einer riesigen Vielzahl medizinischer Informationen vorzuschlagen. Diese für Menschen unübersehbare Informationsmenge entstammt Lehrbüchern, Publikationen, klinischen Studien und Krankenakten. Damit werden auch die großen Datenmengen jedes einzelnen Patienten für die Patientenversorgung auswertbar und nutzbar gemacht. So hat Watson im Jahre 2016 bei einer Patientin die genetischen Daten analysiert und innerhalb weniger Minuten eine seltene Form der Leukämie diagnostiziert (Erdogan 2017).

Watson reagiert nicht nur auf Klicks, sondern auch auf Sprache. Seine Software analysiert Sätze, holt sich selbstständig Informationen aus dem Internet und zieht eigene Schlüsse daraus. Watson ist also lernfähig, versteht „Ironie" und kann innerhalb von Sekunden Hunderttausende von medizinischen Befunden und Studien analysieren, um für eine bestimmte Kombination von Symptomen und ggf. medizinisch erhobenen Befunden die perfekte Diagnose zu finden. Ein Arzt bräuchte zum Lesen einer vergleichbar großen Datenmenge Jahrhunderte.

In Zukunft wird der Computer den automatisierten Teil der ärztlichen Arbeit unsagbar schnell und ohne Ermüdungszeichen erledigen können, was den Arzt entlastet, aber nicht ersetzt.

Diese *klinische Datenintelligenz* kann ärztliche Entscheidungen in Sekundenschnelle unterstützen, so zum Beispiel aus erfassten Beschwerden einzelner Patienten, Symptomen und Laborbefunden Verdachtsdiagnosen mit statistischer Wahrscheinlichkeitsangabe erstellen. Dabei sollten Symptome wie beispielsweise Tagesmüdigkeit oder Morgensteife vom Arzt – nicht vom Patienten – als Resultat der angegebenen Beschwerden festgelegt worden sein.

Bei detaillierter Patientenschilderung dürfte in Zukunft möglicherweise diese ärztliche Leistung der Symptomdeutung, Symptomerfassung und Symptombeschreibung teilweise auch vom IBM-Computer Watson alleine geleistet werden können. Durch Suchmaschinenanfragen von Patienten, wie der Eingabe von Symptomen, können Muster erkannt werden, durch die 5– 20 % derjenigen Personen mit einem Pankreaskarzinom identifiziert werden könnten. Ähnliche Ergebnisse dürften für seltene rheumatische Erkrankungen wie einer Riesenzellarteriitis im höheren Lebensalter zu vermuten sein.

Am Ende liefert die KI mit Watson eine Liste mit möglichen Diagnosen und errechnet ihre Wahrscheinlichkeit. Auch Behandlungspläne kann er bei Menschen mit Krebs oder seltenen Erkrankungen erstellen. Dies alles ist heute schon Realität; so arbeiten eine Reihe von Kliniken bereits mit IBM zusammen, in Deutschland das Krebsforschungszentrum in Heidelberg und das Zentrum für unerkannte und seltene Erkrankungen in Marburg (Budras 2017a).

Nachteil ist, dass aus dem Watson-Ergebnis nicht erkennbar wird, wie genau das Ergebnis zustande gekommen ist, worauf sich also die Erfolgswahrscheinlichkeiten für die empfohlene Therapie begründen. Auch fehlen sowohl eine Argumentationskette als auch ein Verweis auf Quellen. Der angewandte Algorithmus übernimmt keine Verantwortung.

Trotzdem wird mit Watson die Medizin auf eine neue mathematisch-wissenschaftliche Grundlage gestellt, ohne dass damit die ärztliche Erfahrung und Therapiehoheit entwertet wird. Es ist bei seltenen Erkrankungen mit dem Einsatz der KI durchaus eine schnellere Diagnosestellung möglich, wobei auch ein ökonomischer Gewinn als Nebenresultat erwartet werden darf.

Watson wurde als semantische Suchmaschine zur Diagnosestellung entwickelt, dient aber heute in manchen Krankenhäusern auch zur Verbesserung logistischer Abläufe unter anderem bei der OP-Auslastung. Das Potenzial künstlich intelligenter Systeme ist enorm und wächst jedes Jahr weiter an. So soll die Big-Data-Software *Watson Health* in naher Zukunft über den genetischen Fingerabdruck des Tumors das mutierte Gen erkennen können, das den bösartigen Tumor verursacht hat. Mit der Erkennung könnte dem Arzt dann sofort die optimale Medikamentendosierung sowie Therapieform vorgeschlagen werden (Fuchs 2016).

Big Data

Kasuistik 12

Verdachtsdiagnose: Atypischer Infekt oder B-Symptomatik (Herr H.,75 Jahre)
Vorerkrankungen: beidseitige Leistenhernien-Operation, beidseits Hüft-TEP, benigne Prostatahyperplasie mit Restharn, arterieller Hypertonus.

Aktuelle Anamnese März bis April 2015: Abgeschlagenheit, Gewichtsverlust, Nachtschweiß, Ciprofloxacin-Therapie wegen Harnwegsinfekt; Gastroskopie und Koloskopie ohne Befund; Labor: Anämie und erhöhte Infektwerte.

1. stationäre Aufnahme (21.–22. Mai 2015):
   - Diagnostik/Befund: Röntgen-Thorax, EKG, Herzecho mit TEE, Abdomensonographie, Blutkulturen, Labor (Bence-Jones, Immunelektrophorese, CRP 14,6, BSG 83, Hb 9,2, Urin 250 Erys)
   - Diagnose: Infekt unklarer Genese; DD: Neoplasie bei B-Symptomatik
   - Therapie: Unazid 2 × 750 mg/Tag; danach weitere CT-Diagnostik geplant
2. stationäre Aufnahme (26.–27. Mai 2015):
   - Diagnostik/Befund: Serologie negativ, CRP 13,2, Hb 9,1, CT-Abdomen und -Thorax normal, Sonographie Lymphknoten normal, kein Hinweis auf Plasmozytom
   - Diagnosen: Infektwerterhöhung und Anämie unklarer Genese mit B-Symptomatik, kein Neoplasienachweis
   - Therapie: Unazid für weitere 3 Tage, da Allgemeinzustand jetzt gebessert
3. stationäre Aufnahme (9.–17. Juni 2015):
   - Diagnostik/Befund: Verschlechterung nach Absetzen von Unazid, seit einem Tag wässrige Diarrhoe, CRP 17,8 (bei Entlassung 10,2), Hb 9,3, MRT-Abdomen mit Leber- und Nierenzysten, Leberbiopsie, Beckenkammpunktion, Stuhluntersuchung Clostridien-positiv
   - Diagnosen: Clostridienenteritis, Infektwerterhöhung sowie Anämie unklarer Genese mit B-Symptomatik
   - Therapie: Erythrozytenkonzentrate, Metronidazol, Verbot von Ibuprofen
4. stationäre Aufnahme (7.–13. Juli 2015):
   - Diagnostik/Befund: Stuhlgang wieder normal, weiter erhöhte Infektwerte, weitere Gewichtsabnahme, CRP 7,8, Hb 10,0, Ferritin 1288, IgE 115,9, Quantiferontest negativ, Abdomensonographie: Splenomegalie, hochgradig dilatierter linker Vorhof im Herzecho, Koloskopie normal, PET-CT vom 9. Juli 2015 ausgedehnte Entzündung aller großen und mittelgroßen Gefäße wegen hier homogen gesteigerter FDG-Anreicherung, Sonographie der großen Gefäße vom 10.7.2015 normal (keine Wandverdickung, keine vermehrte Wandechogenität)
   - Diagnosen: Arteriitis der großen und mittelgroßen Gefäße bei Zustand nach Clostridienenteritis
   - Therapie: Prednison, unter initial 75 mg/Tag nach 3–4 Tagen Besserung des Allgemeinzustands, das CRP fällt von 7,8 auf 1,6

Ambulante rheumatologische Verlaufskontrollen vom 14. Juli 2015 bis 25. Januar 2018: nach 6-wöchiger absteigender Prednisontherapie tritt Beschwerdefreiheit ein, alle Laborwerte normalisieren sich, das Ausschleichen von Prednison erfolgt aus Sorge vor einem Rezidiv über fast 2 Jahre. Auch danach blieb der Patient beschwerdefrei.

Epikritisch zeigt die Kasuistik 12 den ungewöhnlichen Verlauf einer Riesenzellarteriitis. Viele Allgemeinsymptome mussten den erfahrenen Internisten mit Schwerpunkt Gastroenterologie, Pneumologie, Hämatologie und Onkologie primär an einen unklaren Infekt oder eine Malignomerkrankung denken lassen. Dass erst durch eine PET-Untersuchung ein Hypermetabolismus der großen Gefäße nachweisbar wurde, ist auch in der Literatur als Rarität beschrieben (Pfadenhauer et al. 2016). Daher hätte eine Big-Data-Eingabe möglicherweise schneller zur richtigen Diagnose geführt, da der Algorithmus des Computers wahrscheinlich schon bei der Ersteingabe differenzialdiagnostisch auch eine Autoimmunerkrankung mit Begründung geliefert hätte.

Im Falle des 75-jährigen Patienten wurde trotz widersprüchlicher Befunde zu lange an der Verdachtsdiagnose eines Malignoms festgehalten. Die Gefahr eines solchen „conceptual bias" ist nach Köbberling (2013) umso größer, je spezialisierter das ärztliche Tätigkeitsgebiet ist.

Der Zugriff und die intelligente Analyse auf viele bereits abgeschlossene Fälle mit gleicher Diagnose kann die ärztliche Beratung insbesondere bei seltenen oder atypisch verlaufenden Fällen deutlich verbessern. Da die Masse an Daten zahlreicher Patienten nur anonymisiert verarbeitet werden dürfen, helfen sie allen. Obwohl die KI in Zukunft statistisch die besseren Diagnosen zu stellen vermag, werden Patienten aber immer auch ihren empathischen Arzt mit Herz und Verstand konsultieren wollen.

Schon in wenigen Jahren kann aber mit der Nutzung der Datenintelligenz im Sinne einer Big-Data-Abfrage bei solchen Patienten wie aus Kasuistik 12 den Verlauf bis zur Diagnoseerstellung abkürzen und den Umfang der diagnostischen Maßnahmen begrenzen. Daher sollte das Angebot einer Big-Data-Abfrage schon jetzt von den Krankenkassen für diagnostisch unklare Fälle unterstützt werden.

Diagnostische Suchmaschinen
Deutschland ist in der Medizin von einem Routineeinsatz diagnostischer Suchmaschinen noch weit entfernt. Neben Watson zählen zu den prominentesten diagnostischen Suchmaschinen *Find-Zebra* oder der von einer Arbeitsgruppe der Charité in Berlin entwickelte *Phenomizer*. Auch sie dienen ebenso wie *Orphanet* zur Identifizierung seltener Erkrankungen und arbeiten kostenfrei.

Die aktuell größten Datenbanken, die digital zugänglich sind, enthalten rund 27 Millionen medizinische Abhandlungen. Wenn Mikrosoft den

Maschinen das Lesen und „Verstehen" beigebracht hat, wird es Ärzten leichter möglich sein, individuell präzisere Therapien zu entwickeln. Durch die Genomanalyse könnte auch eine personalisierte Behandlung möglich werden.

Wer eine Diagnosehilfe mit breiterem Spektrum an Krankheiten und Arzneimitteln sucht, sollte sich mit der Suchmaschine *Isabel Healthcare* beschäftigen; sie wird seit 15 Jahren weiterentwickelt, umfasst mittlerweile mehr als 11.000 Diagnosen und 4000 Arzneimitteln, ist allerdings ebenso wie der Diagnosefinder *DXplain* gebührenpflichtig. Die Firma Siemens AG hat mit ihrem Projekt *KDI – Klinische Datenintelligenz* eine Software entwickelt, die aus den eingegebenen Patientendaten und den Daten über die jeweilige Krankheit dem Arzt unter anderem einen konkreten Behandlungsvorschlag mit genauen Dosisangaben macht (Osterloh 2017).

3D-Digitalmodelle
3D-Digitalmodelle lassen sich dreidimensional beispielsweise für das Herz aus den Daten von EKG und CT errechnen. So kann der Herzchirurg das in Rot und Blau dreidimensional pochende Herz seines Patienten am Bildschirm beurteilen und eine geplante Operation simulieren. Herzmuskel und der Fluss der elektrischen Ströme werden in winzigen Dreiecken dargestellt und der Ablauf der elektrischen Ströme durch die Muskelfasern je nach Einsatzort des Schrittmachers sichtbar gemacht. Dieses System haben Medizintechniker von Siemens in Erlangen und Princeton entwickelt. Dieses Digital-Double-System ist auch bei der Wertung von Herzinsuffizienzen und deren Ursachen von zunehmenden Wert.

Forderungen
Die digitalisierte Medizin und hierbei besonders die Künstliche Intelligenz werden sicher einige Berufsbilder verändern. Auch können sie zu einem Produktivitätsschub einzelner Mitarbeiter führen. Wenn die ärztliche Empathie „für seinen Patienten" nicht verloren geht, kann dies vielen Patienten großen Nutzen bringen.

Andererseits besteht die **Gefahr**, dass die Automatisierung und die KI uns zu „digitalen Sklaven" machen. Daher fordern immer mehr Wissenschaftler und Informatiker in einem Manifest unter anderem informationelle Selbstbestimmung, Transparenz, Unterstützung einer kollektiven Intelligenz und eine digitale Aufklärung zur Förderung der Mündigkeit der Bürger in der digitalen Welt (Helbing et al. 2016) (siehe hierzu Abschn. 5.3). Transparenzpflicht für Algorithmen könnte andererseits einer Manipulation oder gar einem Kontrollverlust Vorschub leisten (Kretschmer 2018).

Der Digitalverband Bitcom plädiert für eine Kontrolle der Algorithmen und hat Empfehlungen für den verantwortlichen Einsatz von KI und automatisierten Entscheidungen veröffentlicht (http://daebl.de/WV87).

Der Microsoft-Präsident Brad Smith (2018) fordert zu Recht, dass KI-Systeme fair, zuverlässig und sicher sein sollen; auch sollen sie die Privatsphäre schützen, alle Menschen einschließen und die Verantwortlichkeiten klar regeln.

4.1.2 Bild- und Gesichtserkennung

Die Technologie der Gesichtserkennung wird in der Kriminalistik und bei Überwachungskameras an Kreuzungen, Bahnhöfen oder öffentlichen Plätzen eingesetzt.

In China geht die Technologie der Gesichtserkennung so weit, dass man bei Überfahren einer roten Ampel binnen wenigen Minuten auf einem riesigen Monitor über der Kreuzung als Verkehrssünder angeprangert wird, und dies mit Namen und Wohnort. Diese öffentliche Transparentmachung von Verkehrssündern gelingt durch einen automatischen Vergleich der Aufnahmen mit der Datenbank der Provinzpolizei (Kolonko 2017).

Die automatische Gesichtserkennung macht Passwörter an Geldautomaten oder am Internetzugang ebenso überflüssig wie die Personalausweiskontrolle an Flughäfen. Gesichtserkennung soll auch preiswerter und sicherer als ein Fingerabdruck sein. Ziel der Gesichtserkennung ist es, Städte sicherer zu machen und Verbrechen zu verhindern. Dass dies zu Lasten des Schutzes der Privatsphäre geht, wird von der Gesellschaft in China anscheinend akzeptiert, da die nationale Sicherheit dort immer Vorrang hat (Kolonko 2017).

Die Gesichtserkennungstechnologie mit speziellen Kameras ist zur Reduktion der Verbrechen zweifellos wirksam, in Deutschland ist sie aber noch im Versuchsstadium. Während sie am Bahnhof Berlin Südkreuz gerade getestet wird, hat Apple sie im neuen iPhone bereits 2017 eingerichtet.

Im Gegensatz zu berechtigten Bedenken vieler Datenschützer schätzen 54 % der Deutschen die Gesichtserkennung positiv ein (Institut für Demoskopie Allensbach 2017).

Wenn Computer viel sicherer beim Einschätzen sind, ob ein Fußball die Torlinie überschritten hat, müssten sie auch Röntgenbilder besser analysieren können als ein Radiologe. Es wird die Zeit kommen, in der Rechner entscheidet, ob im MRT eines Patienten der Beginn eines Tumors oder einer Durchblutungsstörung schon im Frühstadium nachweisbar ist.

Neurologie In der Neurologie eignen sich Bilder auch zum Diagnosecheck, sodass mithilfe dieser visuellen Detektion Gesichtsmerkmale wie das Down-Syndrom oder zentrale Fazialisparesen erkannt werden können (Lenzen-Schulte 2017). Auch hierbei stellt die Suchmaschine eine Vorschlagsliste von möglichen Krankheiten oder angeborenen Anomalien bereit. Bei den verschiedenen Lähmungen der Gesichts- und Augenmuskulatur kann nach Fertigstellung einer entsprechenden Software diese Art Bilderkennung für Studenten und Fortgeschrittene eine weitere Hilfe in der Ausbildung und Diagnostik sein.

Dermatologe Der Dermatologe kann Fotos oder Videos der kranken Hautpartien machen und zur Beratung an den Experten übertragen. Der Experte selbst kann statt der üblichen Vergleiche in Atlanten jetzt eine Art Haut-Diagnose-Erkennungsprogramm für Hautveränderungen einsetzen. Dabei kann die Software eine fragliche Hautveränderung in Sekunden mit Millionen Aufnahmen abgleichen und so dem Patienten Informationen liefern, die ihn zu einem mündigen Diskussionspartner mit seinem Dermatologen machen können.

Bei der Diagnose von Hautkrebs nur mithilfe von Bildern soll ein lernendes Programm schon heute ebenso gut abschneiden wie die Bewertung durch Dermatologen (Dworschak 2017).

Es ist zu erwarten, dass innerhalb der nächsten 10 Jahre die Bilderkennung so weit fortentwickelt wird, dass mithilfe der Videoverlaufskontrollen zumindest einfache, definierte dermatologische Krankheiten per Computer diagnostiziert werden können. Schon heute eignen sich die Techniken der Bilderkennung bei Verlaufsbeobachtungen von Hautkrankheiten und sind für Videoverlaufskontrollen in der Dermatologie ab 1. April 2017 auch abrechnungsfähig (siehe auch Abschn. 3.1.1).

Offen ist es noch, ab wann die Gesichtserkennung an ihre Grenzen gerät. Alleine der Einsatz von speziellen Brillen mit bunt gemusterten Rahmen oder kleine knallbunte wirre Farbflecke können ja schon heute eine Gesichtserkennung unmöglich machen (Dworschak 2017). Leicht manipulierte Stoppschilder können dem Computer ein Tempolimit vortäuschen (Dworschak 2018).

4.1.3 Spracherkennung

Über 500 Millionen Menschen nutzen bereits digitale Sprachassistenten, die in ihrem Smartphone eingebaut sind. Die großen Suchmaschinen empfangen rund die Hälfte aller Anfragen über Sprachbefehle. In Zukunft werden immer elektronische Geräte die Sprache als Steuerungsinstrument nutzen. Dabei wird erst nach direkter Ansprache kombiniert mit einem Signalwort die Übertragung in die Daten-Cloud des Herstellers gestartet.

Weltweit sind 4 Sprachcomputer führend: der *Assistant* von Google, das Sprachsteuerungssystem *Alexa* von Amazon, *Cortana* von Microsoft und *Siri* von Apple. Noch nicht im Handel ist der *Apple Homepod*. Diese 4 sprachgesteuerten Digitalassistenten können die natürlich gesprochene Sprache „erkennen" und verarbeiten. Erst Amazon mit *Alexa* hat es aber verstanden, die Technik in den Alltag so einzuschleusen, dass der Anwender die Illusion einer künstlichen Mitbewohnerin bekommt, die immer für ihn da ist. So kann man im vernetzten Zuhause die Heizung steuern, die Alarmanlage aktivieren, die Rollläden hochziehen oder das Licht anmachen.

Alexa Der Sprachcomputer *Alexa* ist mit 8 Richtmikrofonen ausgestattet und die Software ist in einen schwarzen oder weißen Zylinder eingebaut. Je nach Standort bringt Alexa Künstliche Intelligenz in die Küche, ins Wohnzimmer oder auf die Pflegestation eines Altenheimes. Nur mit Nennen des Namens wird das Gesprochene aufgezeichnet und in das Amazon-Datenzentrum im Internet zur Erledigung geschickt. Zu den Lieferungen gehören Informationen, Nachrichten, Kurzfilme, Witze oder einfach Musik; mittlerweile hat sie über 20.000 Anwendungen im Angebot (Budras 2017b).

Damit Alexa Aufträge erledigen kann, ist es nötig, sogenannte Skills zu installieren. So „lernt" Alexa die persönlichen Weckzeiten, den Ort der Rezepte oder die Einkaufsliste für den Online-Einkauf.

Als potenzielle Erweiterung kann bei Alexa auch eine Kamera eingebaut werden. Dazu wird Alexa mit einem Videobildschirm (*Echo Show*) ausgestattet. Spätestens mit Einsatz der Kamera dient Alexa auch zur Überwachung im Kinderzimmer, auf Kinderstationen oder von überwachungsbedürftigen, unruhigen oder gefährdeten Patienten.

Die smarten Assistenten mit Alexa und Google Home an erster Stelle sind äußerlich unauffällige Zylinder mit leistungsstarken Lautsprechern (Budras 2018). Ob Videos, Einkaufslisten, Medikationspläne oder die lokale Wettervorhersage, man kann mit der Echo-Show-Ausstattung (Touchscreen und Kamera) sowohl hören als auch sehen.

Die Angst vor dem Abhören durch Alexa oder andere Sprachassistenten besteht nach Angabe des Bundesverbandes Digitale Wirtschaft bei einem Drittel der Deutschen (Cwiertnia 2018). Dabei funktionieren Datenströme wie die Post;

unverschlüsselt sind sie wie eine Postkarte lesbar, verschlüsselt bleibt einem selbst der Inhalt verborgen. Allerdings ist nicht immer klar, wo die erfassten Informationen beispielsweise von Amazon verarbeitet werden. Immerhin kann Alexa nicht nur Stimmen hören, sondern auch per Echo Show erfassen, wer sich in der Wohnung aufhält. Das Gefühl einer potenziellen Wanze bleibt bestehen, solange die Datenschutzerklärungen nicht eindeutig die Eigentumsrechte des individuellen Nutzers berücksichtigen.

Weitere Spracherkennungsprogramme Spracherkennungsprogramme werden auch von Google als Google Voice in der Telekommunikation genutzt. Ein Wort reicht, um den Assistenten zu aktivieren.

Der Pekinger Baidu-Konzern gehört zu den weltweit führenden KI-Unternehmen; bei der Spracherkennung hat Baidu nach eigenen Angaben eine Trefferquote von 97 %, bei der Gesichtserkennung von 99,7 %. Damit ist Baidus Sprachassistent so leistungsfähig wie Amazons Alexa. Schon bald wird die Spracheingabe die Displays und Tastaturen überflüssig machen (Buschmann et al. 2017).

Spracherkennungsprogramme lernen binnen 48 Stunden eine fremde Sprache und übersetzen sie. Spracherkennungsprogramme werden zukünftig auch bei der diagnostischen Zuordnung von Sprach- oder Sprechstörungen hilfreich sein. Die *Fehlerrate* ist allerdings aktuell noch zu hoch. So könnten Hacker durch Mischen der Sprachaufnahme mit nahezu unhörbaren Rauschmustern die Datenlage schon bei Gesunden komplett verfälschen, also zu einem „künstlichen Irresein des Computers" führen. Für die Zukunft ist es daher nötig, dass Computer als Lernmaschinen auf bekannte Trugbilder und Störgeräusche trainiert werden, damit sie nicht mehr so häufig ausfallen oder falsche Antworten bringen (Dworschak 2018).

Musikerkennung Ergänzend zur Spracherkennung und Übersetzungsprogrammen gibt es Software zur Musikerkennung. Schon mit ein paar Takten eines Liedes kann die App des Musikerkennungsdienstes *Shazam* das Musikstück und den Interpreten identifizieren. Dies ist aber medizinisch ohne sonderlichen Wert.

4.2 Robotermedizin

Künstliche Intelligenzprogramme erobern immer mehr praktische Gebiete unseres Alltags, Beispiele sind autonomes Fahren, autonomes Fliegen, Sprach- und Gesichtserkennung sowie vom Computer verfasste Texte oder erledigte Aufgaben (Freyermuth 2016).

> Werden KI-Programme in autonomen Maschinen eingesetzt, spricht man von Robotern.

Ein *Roboter* ist eine technische Apparatur, die primär dazu diente, dem Menschen mechanisch schwere oder ermüdende Arbeit abzunehmen. In Zukunft wird der Roboter dank seiner KI mit Lernfähigkeit auch „geistige" Arbeiten übernehmen.

In der Medizin werden Roboter von Computern mit KI-Programmen gesteuert. Sie eignen sich dann je nach der benutzten Software zum Einsatz von Präzisionsaufgaben bei Operationen, in der Pflege, beim Transport oder bei der Therapie. *Humanoide Roboter* verrichten menschenähnliche Arbeiten und werden wegen ihrer „Augen" (Kameras), ihres Gesichtes und ihres „Charmes" gemocht. *Intelligente Roboter* verfügen über verschiedene, meist akustische und optische Sensoren und sind damit in der Lage, den Programmablauf selbsttätig den Veränderungen der Aufgabe und der Umwelt anzupassen.

Roboter lösen bei vielen Menschen *Ängste* aus wegen ihrer vermeintlichen intellektuellen Überlegenheit oder gar der Fähigkeit, menschliche Arbeitsplätze komplett ersetzen zu können. Beides ist verständlich, aber falsch, da die drohende Arbeitsplatzvernichtung durch Schaffung neuer, „intelligenterer" Arbeitsplätze ergänzt wird. Roboter können im Gegensatz zu uns Menschen „sich selbst herstellen", aber sie können weder denken, noch sind sie flexibel, spontan oder kreativ.

Schirrmacher (2009) unterscheidet zu Recht den maschinenzentrierten vom menschenorientierten Blick. Beim maschinenzentrierten Blick sind Computer präzise, organisiert und unemotional, Menschen dagegen vage, unorganisiert und emotional. Unter dem menschenorientierten Blick ist der Mensch dagegen kreativ, entgegenkommend und flexibel, der Computer aber dumm, rigide und konsistent.

Roboter kann man in Transportroboter, humanoide Roboter sowie Tierroboter unterscheiden. Sonderform sind die Roboterarme.

4.2.1 Transportroboter

In digitalisierten Krankenhausapotheken werden von einem Automat per Computersteuerung die Tagesrationen für jeden einzelnen Patienten in Kunststofftütchen verpackt und verschlossen, mit einem Strichcode und dem Patientennamen versehen und abfotografiert. Der Transport auf die

Stationen erfolgt mit selbst fahrenden Transportrobotern, die von Batterien angetrieben und über WLAN mit einer Leitstelle verbunden sind. Neben Arzneimitteln transportieren diese selbstfahrenden Transporter auch Wäsche und Lebensmittel (Balzter 2016). Transportroboter machen selbstständig Türen auf oder holen sich einen Fahrstuhl. Als fahrbare Transportsysteme können sie Essen ausgeben oder Tabletts abräumen und in die Küche bringen (Wahl-Immel 2016).

Die von Transportrobotern genutzten Parkflächen werden mit Sensoren so überwacht, dass Autos mit Sensortechnik freie Parkplätze registrieren und deren Apps den Autofahrer zu freien Parkplätzen leiten. Vermittler sind Start-up-Unternehmen wie Ampido (Müller 2017).

Vorreiter der Roboter sind digitale Hilfsmittel. So hat sich als digitales Hilfsmittel der High-Tech-Löffel von Google bewährt, da er Patienten mit ausgeprägtem Tremor das Essen dadurch erleichtern kann, dass er das Zittern durch kleine Gegenbewegungen ausgleicht.

Mithilfe der Spracherkennung „erfassen" Computer der Roboter die gesprochenen Worte und rechnen diese in digitale Signale um. So können Nutzer konkrete Fragen oder Befehle an das System richten und erhalten vom Roboter vorprogrammierte Antworten. Dank selbstlernender Algorithmen werden die Computer sowohl in der Spracherkennung als auch in der Bilderkennung immer besser (Weiguny 2017).

Mit der intelligenten Kooperation zwischen Mensch und Roboter wurde erreicht, dass Roboter dank ihrer integrierten Sensorik nicht nur körperlich anstrengende oder ergonomisch schwierige Arbeiten übernehmen können. Gefragt sind in Unternehmen, Kliniken oder Altenheimen echte Assistenzaufgaben. Während Roboter seit Jahren Autos zusammenbauen und staubsaugen, ist ihr Einsatz in der Arbeit am Patienten in Deutschland bisher meist noch im Versuchsstadium und ethisch umstritten.

4.2.2 Humanoide Roboter

Humanoide Roboter sind vom gesamten Verhalten und Wesen her darauf programmiert, dass sie in Erscheinung und ihrem Verhalten dem Menschen „ähneln" und von Menschen gemocht werden. Kulleraugen, Witz und Charme in Worten, Stimme und Motorik erreichen es, dass Roboter dem Menschen nicht fremd sind. Dies wird besonders dann möglich, wenn sie auch Gefühle erkennen und mehrere Sprachen verstehen und sprechen können. Der Maschinenmensch *Kabian* hat die Größe einer Japanerin von 1,45 Meter, und er kann 6 Gefühle ausdrücken: Angst, Glück, Überraschung, Trauer, Ärger, Abscheu (Wagner 2017).

In Japan erklären menschenähnliche, humanoide Roboter in Supermärkten den Kunden, wo sie welche Ware finden. *Pepper*, ein Roboter des japanischen Internetunternehmens SoftBank, verfügt über künstliche Intelligenz und übernimmt in Familien Alltagsarbeit. Pepper bewegt sich auf Rollen und spricht mit piepsiger Stimme. Anhand der Stimme seines Gesprächspartners kann er menschliche Emotionen deuten. Deshalb wird er in Altersheimen Tokios gerne als Betreuer und Animateur zu Gymnastikübungen eingesetzt.

Den Lernprozess eines Roboters beschreibt der Telekom-Chef Timotheus Höttges (2015): Er „fragt sie dann zum Beispiel: Was ist das? Und dann sagen Sie: Das ist meine Brille. Damit lernt er, dass das ihre Brille ist. Danach können Sie ihn dann fragen: Wo ist meine Brille? Und in dem Moment holt er sie." Dieses Beispiel zeigt, dass Roboter nicht die Eroberer, sondern die Assistenten der Menschen sind. Damit dies auch so bleibt, verweist Höttges zu Recht auf die digitale Verantwortung (https://www.telekom.com/digitale-verantwortung).

Assistenzroboter Roboter in der Medizin werden auch Assistenzroboter genannt, da sie dem Menschen als Hilfsperson oder Begleiter dienen sollen. Sie können dank ihrer KI-Software in ihrer Grundfunktion Sprechen, Zuhören, Dinge greifen sowie Bringen und Ereignisse in ihrer Umgebung bildlich aufzeichnen. Diese „intelligenten" Systeme können Ärzte, Pflegende oder Angehörige nicht ersetzen, aber sehr gut unterstützen. Menschen haben Empathie und Kreativität jeder Maschine voraus, stupide Aufgaben in Kliniken oder Heimen erledigen Roboter aber viel besser; denn sie sind weder ablenkbar, noch ermüden sie.

4.2.2.1 Roboter im Operationssaal

Roboter im Operationssaal garantieren höchste Präzision, da die Maschine die Nadel oder die Stimulationselektrode im Gehirn schnell und präzise an die errechnete optimale Stelle bringt. Verwackeln ist ausgeschlossen, Röntgenkontrollen treffen nicht mehr die Chirurgenhand.

Jan Stallkamp, Lehrstuhlinhaber für Automatisierung in der Medizin an der Universität Heidelberg, betreut von den roboterassistierten Systemen Techniken, die Biopsien und nadelgestützte Interventionen vornehmen. Der Roboter untersteht immer der Entscheidungskompetenz des Arztes, kann aber mittlerweile bei der Biopsie ein „Gespür" entwickeln, wenn ein Blutgefäß im Wege ist, und er kann dieses geschickt umgehen. Für die Zukunft hält Stallkamp auch größere Operationen durch Roboterhand für realistisch, wobei der Operateur dann hinter der Glasscheibe – neben statt im Operationssaal – die Aufsicht führt (Gießelmann 2017a).

Es wurden bereits *„sensitive" Roboter* entwickelt, die Injektionen setzen oder als ein robotischer Wurm um die Ecke bohren können (Wahl-Immel 2016).

Roboterassistenzsystemen im Operationssaal von Neurochirurgie, Urologie und Bauchchirurgie gehört in vielen Fällen die Zukunft. Operationen in Hohlräumen – Bauch- oder Brustraum – erfolgen im Routinefall nicht mehr offen, sondern minimal-invasiv mit robotergestützten Systemen. Der Chirurg sitzt an einer Konsole und steuert via Roboterarm die Miniinstrumente im Körper des Patienten. Als Basis dienen ihm dreidimensionale Bilder, die ihm eine Spezialkamera liefert. Alles ist bis zu zehnfach vergrößert, und der Chirurg hat den Eindruck, er stehe im Bauch des Patienten drin.

> Der Gewinn für den Patienten ist eine schnellere Wundheilung, geringerer Blutverlust und hoffentlich auch bessere Operationsergebnisse dank höherer Präzision.

Der Roboter *DaVinci* ist ein minimal-invasiver, vierarmiger Operationsroboter, der zunächst in den USA für die Prostatektomie eingesetzt wurde. Mittlerweile sind damit auch Operationen an Blase oder Ösophagus möglich. Die Steuerung von DaVinci erfolgt per Joysticks von einer Operationskonsole aus. Diese Konsole bietet dem Operateur eine hochauflösende 3D-Darstellung mit bis zu zehnfacher Vergrößerung und eine Software gegen zitternde Hände (Erdogan 2017). Erste Vergleichsergebnisse an etwa 300 Patienten erbrachten nach 6 und 12 Wochen zwischen der offenen manuellen Operationsmethode und der laparoskopischen Roboter-unterstützenden Methode keinen Unterschied hinsichtlich Operationserfolg und Komplikationsrate.

Ein humanoider Roboter ist DaVinci trotz seines Namens aber eigentlich nicht, sondern nur eine Maschine, da er nur auf Joystick-Befehle reagiert und er nicht selbst lernt, wie dies bei KI möglich wäre.

4.2.2.2 Pflegeroboter

Bei dem Umgang von Patienten mit Pflegerobotern wie *Roreas* zeigte sich, dass sich Patienten ihren Roboter mit einem Glaskugelkopf mit „Augen" (Kameras) und „Ohren" (Mikrophone) wünschen, auch wenn er „unten" nur einen Quader besitzt (Haak 2016). Robotikexperten betonen, dass Menschen im Umgang mit sprechenden Robotern erwarten, dass Maschinen, die sprechen, immer auch ein Gesicht haben.

Mithilfe von Robotern können chronische Schwerstkranke sowie vor allem auch gebrechliche ältere Menschen länger autonom zu Hause leben. Dabei ist die beliebteste Hilfsfunktion, wenn der Serviceroboter auf den Boden gefallene Gegenstände wieder aufhebt. Von *Care-O-Bot-Robotern* spricht man, wenn diese über Kameras und Mikrofone Personen erkennen und verstehen, was sie möchten. Als Resultat können sie einfache Gesten und Gefühle spiegeln.

Der Roboter *Robear* nimmt in Japan den Pflegenden eine der schwersten Aufgaben ab: Er hebt Patienten aus dem Bett in den Rollstuhl und sieht dabei aus wie ein Bär.

In Deutschland laufen zahlreiche Projekte, welche die Begegnung Mensch-Maschine im realen Einsatz prüfen. So erinnert der Roboter *Kognit* den Bewohner an die Medikamenteneinnahme und ruft im Notfall medizinische Hilfe. Er merkt sich Gesichter, Orte und kann daran erinnern, wo Brille oder Tabletten abgelegt wurden (Gießelmann und Osterloh 2017). Darüber hinaus kann Kognit zu Gedächtnisübungen eingesetzt werden.

Der Roboter *RADIO* steht in den Zimmern der Bewohner und beobachtet sie so, dass nach 24 Stunden die Trinkmenge für das Pflegepersonal angegeben werden kann. RADIO soll Unterschiede in der Mimik, Körpersprache und Stimme erkennen; dieser Roboter ist in Pflegeheim in Italien und Griechenland bereits im Einsatz.

Der sprechende Roboterassistent *Roreas* begleitet Schlaganfallpatienten beim Gehen über die Krankenhausgänge; er motiviert die Patienten, Gehen bis zu 1200 Meter zu üben. Roreas hält sich hinter dem Patienten auf, erläutert den Weg und weist auf Sitzmöglichkeiten hin. Wenn ein Patient sich setzen muss und Pause macht, erkennt Roreas dies, und er sagt etwas holprig: „Ich warte, solange Sie Pause machen." Die Akzeptanz ist auch bei orientierungsgestörten oder kognitiv beeinträchtigten Patienten gegeben, wie ein Projekt in der Fachklinik Bad Liebenstein gezeigt hat (Gießelmann und Osterloh 2017). Dabei wird der Roboter oft wie ein ultramodernes Sportgerät oder gar als „Kumpel" wahrgenommen (Haak 2016). Wertvoll ist die unbestechliche Dokumentation durch den Roboter für die

Trainingszeiten und die Gehleistung. Der Roboter hilft dem Patienten beim Eigentraining, motiviert ihn, ohne den Physiotherapeuten überflüssig zu machen. Nachteil ist, dass Roreas nur teilautonom, also unter Assistenz eines Technikers, arbeitet. In den nächsten Jahren soll der Roboter seinen Dienst auch autonom leisten.

In Japan gibt es *Pflegeroboter auch im Routineeinsatz* (Tellers 2016). So wird der Roboter *NAO* als Bewegungsanimateur in einem Pflegeheim für Demenzkranke eingesetzt und von der Mehrzahl der Bewohner für ein Kind gehalten (Gießelmann 2017a). In Deutschland wäre dieser Einsatz wegen des Verdachts auf Täuschung noch undenkbar. Wenn Pflegeroboter die Routinearbeit der Pflegenden durch Übernahme schwerer körperlicher Tätigkeiten erleichtern und dafür sorgen, dass mehr Zeit von Menschen für Menschen bleibt, sollte das nur von Vorteil sein.

> Pflegeroboter sollen den Menschen als Pflegekraft nicht ersetzen. Die Automatisierung der Arbeitswelt soll den zu Pflegenden Freiräume schaffen, damit sie Zeit für die wirklich wichtigen Aufgaben ihres Berufes haben.

Pflegeroboter sind als Prototypen von intelligenten Maschinen nicht nur in der Lage, Pflegeaufgaben zu übernehmen, sondern auch Alte oder kognitiv beschränkte Menschen zu Rehabilitationsmaßnahmen zu motivieren. Pflegeroboter benötigen aber die Altenpfleger immer als letzte Kontrollinstanz.

Nicht selten fühlen sich *Alzheimer-Patienten* von der Kommunikation mit Pflegenden überfordert. Sie bevorzugen daher den mit weichem Fell überzogenen Roboter *Paro*, der ähnlich wie ein Robbenbaby aussieht und mit einem Dutzend Berührungs- und Temperatursensoren ausgestattet ist. Er reagiert auf Berührung und kratzt nicht wie eine lebende Katze (Maak 2018). Neuere Entwicklungen zeigen Roboter, die ängstlich, wütend oder erfreut schauen können.

Die Sorge, dass Patienten zu Robotern eine persönliche Beziehung zum eigenen Schaden aufbauen könnten, ist unberechtigt. Kinder entwickeln ohne Schaden persönliche Beziehungen zu ihren Kuscheltieren. Erwachsene bauen solche Beziehungen sogar zu ihrem Auto auf. Die Angst vor Pflegerobotern wäre erst dann begründet, wenn diese auch eines Tages in der Lage wären, Menschen absichtlich zu manipulieren. Das EU-Parlament hat daher im Februar 2017 in einer Charta einen ethischen Verhaltenskodex über Robotik verfasst. Hier wird unter anderem zur Benefizienz (das heißt Roboter sollen im besten Interesse der Menschen handeln), Schadensvermeidung,

Privatsphäre und der Rechenschaftspflicht der Roboteringenieure Stellung genommen (http://daebl.de/ZS44).

Der *Pflegenotstand* in Deutschland hat sich weder durch eine Akademisierung in der Ausbildung (beispielsweise gibt es seit 1995 Pflege als Studienfach an der Universität Witten/Herdecke) noch durch eine Forderung nach höherer Anerkennung in der Gesellschaft lösen lassen. Die Höhe der Bezahlung richtet sich leider global mehr nach dem Grad der Aus- und Weiterbildung als nach dem Grad der eingeforderten Menschlichkeit, wie es in der Pflege tägliche Realität ist.

Nicht höhere Bezahlung, sondern technische Erneuerung, ja Revolutionierung sieht Till-Ulrich Hepp zu Recht als die entscheidende Lösung der nächsten Jahre (Hepp 2017). Körperlich schwere Arbeiten gehören automatisiert und robotisiert; in Japan und USA sind Roboter im Einsatz, die Patienten wenden, tragen, aufrichten, ja Gespräche führen können. Mit dieser Arbeitsentlastung gelingt Professionalisierung und Lösung des Pflegenotstandes. Nicht der heutige Pflegeaufwand in der Kasuistik 13 ist in der Zukunft noch realistisch, sondern die in Kasuistik 14 aufgezeichneten Wege der Pflegeentlastung.

Kasuistik 13

Zeitliche Abfolge der Morgentoilette durch eine Pflegekraft bei der 90-jährigen bettlägerigen Heimbewohnerin M.
(Modifiziert aus dem Jahrbuch des Johannes-Gymnasiums Lahnstein 2014/2015)
Anklopfen. Begrüßung. Licht anschalten. Nach Allgemeinbefinden erkundigen. Elektrorollo bedienen. Bett auf die optimale Arbeitshöhe fahren. Ausziehen des Schlafanzugs. In den Betten liegend werden alle Bewohner gewaschen und angezogen. Sie wird zuerst im Gesicht, dann am Körper und zum Schluss im Intimbereich gewaschen. Anschließend wird Frau M. mit einer Körperlotion eingecremt. Anziehen von Unterhemd, Pullover sowie Windel, Anziehen der Kompressionsstrümpfe durch examinierte Pflegekräfte. Anziehen von Socken, Hose, Strümpfe, Schuhe. Dann Aufsetzen auf die Bettkante für einige Minuten, danach ggf. Setzen in den Rollstuhl. Ggf. vor dem Rollstuhl Ermöglichung eines Toiletteneinganges auf dem Toilettenstuhl. Auch wenn Inkontinenz besteht, wird den Bewohnern die Würde des Toilettengangs beibehalten, um sie nicht „in die Windeln machen zu lassen". Vom Toilettenstuhl werden sie dann in den Rollstuhl gesetzt.
Anschließend werden die Haare gekämmt, die Zähne geputzt, Schmuck oder Armbanduhren angelegt, Brille und Hörgeräte angelegt. Dann Zurücklegen ins Bett und Anbringen der Hausnotrufkette. Taschentuchkontrolle. Schutzserviette umbinden und Anreichen des mundgerecht von der Küchenhilfe zubereiteten Frühstücks.

Kasuistik 14

98-jährige Heimbewohnerin S. mit einem vegetativen Status; möglicher Einsatz eines Massage- und Duschroboters
(Modifiziert aus Jörg 2009, S. 266 f.)
Frau S. hatte im Jahre 2000 einen schweren Schlaganfall erlitten und war seitdem pflegebedürftig in einem Altersheim versorgt worden. Von 2002 bis 2007 war sie bettlägerig und bewusstlos, sodass sie auf jede Art Ansprache nicht mehr reagierte. Sie wurde mindestens dreimal wöchentlich im Bett am ganzen Körper gewaschen, alle 2–3 Stunden wurde sie täglich von Pflegekräften zum Schutz vor einem Dekubitus gedreht, die Ernährung erfolgte über eine Magensonde. Eine fachärztliche Kontrolluntersuchung im Heim ist die letzten 7 Jahre nicht erfolgt. Über den weiteren Verlauf der Patientin ist an anderer Stelle ausführlich berichtet worden (Jörg 2009).
   Zur Entlastung bei der Patientenumlagerung sowie der personalaufwendigen Ganzkörperwaschungen bieten sich Speziallagerungsbetten mit eingebauter automatischer Drehvorrichtung sowie Ganzkörper-Duschroboter an.
   Das Roboterassistenzsystem arbeitet nach Art einer eisernen Lunge. Der Bewohner wird liegend, ähnlich wie in ein MRT, in einen Hohlraum eingeschoben. Dieser ist am Hals oder oberen Brustraum abgeschlossen, sodass der Roboter reaktionsfähigen Patienten auf Fragen den Wasch- und Massagevorgang erklären kann.
   Die Waschung, Abtrocknung, Einseifen, Föhnen, Einsprühen und Massieren geschieht ähnlich wie in einer Spülmaschine oder Autowaschstraße, nur dass der Roboter „zarte Hände" zur vorsichtigen Massierung der Extremitäten einsetzen kann.

In Krankenhäusern sowie Pflegeheimen wird zum Waschen von immobilen Patienten oft eine Spezialbadewanne angeschafft, in die der Patient mit einer galgenartigen Hebevorrichtung hinein gehoben wird. Dieser von mindestens 2 Pflegekräften durchzuführende Vorgang wird trotz hoher Investitionskosten meist nur wenige mal durchgeführt, da der zeitliche und personelle Aufwand viel zu groß ist.

Beim Duschroboter besteht dagegen die Hoffnung, dass die Pflege zumindest bei der Versorgung wacher sowie bewusstloser Patienten entlastet wird und der Patient gleichzeitig mehr als einmal wöchentlich eine Körperdusche in einer „liegenden Duschkabine" erlebt.

Wer solche Roboter bei Patienten für menschenunwürdig ansieht, muss wissen, dass in naher Zukunft aus Personalmangel die Alternative dazu das Ausfallen des Duschens sein könnte und nicht das Duschen oder Waschen durch eine Pflegekraft.

Pflegeroboter für die Ganzkörperpflege könnten auch auf der Intensivpflege in naher Zukunft zum Einsatz kommen, wenn mithilfe von

Temperatur- und Feuchtigkeitssensoren der Zeitpunkt der notwendigen Körperumlagerung elektronisch genauer und bedarfsweise bestimmt werden kann.

4.2.2.3 Elektromechanische und robotergestützte Therapien

Elektromechanische und robotergestützte Therapien der oberen Extremität sind hilfreich, da eine höhere Anzahl von Repetitionen eine stärkere Funktionsverbesserung verspricht. Der Roboter ersetzt dabei nicht den Physiotherapeuten, sondern entlastet ihn, da er eine höhere Menge an Rehabilitationsübungen ermöglicht. So kann er Alltagsaktivitäten, Armfunktionen und muskuläre Kraft verbessern. Damit ersetzt diese robotergestützte Armrehabilitation auch die früher häufiger verfügbaren Ausbildungstherapeuten. Diskutiert wird, ob zusätzlich zur Dosissteigerung als weitere positive Faktoren eine höhere Motivation und eine Aktivierung des zerebralen Belohnungszentrums eine Rolle spielen (Liepert und Breitenstein 2016).

Die *Arm-Robot-Therapie*, also die roboter- und gerätegestützte Therapie, kann als unterstützende Behandlung bei Schlaganfallpatienten, die noch nicht in der Lage waren, Bewegungen mit den Armen selbstständig auszuführen, mit mittlerem bis hohem Evidenzgrad erfolgreich eingesetzt werden. Positive Effekte zeigen sich für die motorische Kontrolle und die Muskelkraft, wenn je nach Paresegrad und Paresetyp Endeffektorgeräte oder Exoskelettgeräte zum Einsatz kommen (Sailer et al. 2017).

Mit der roboter- und gerätegestützten Physiotherapie ergibt sich die Möglichkeit, dass die Physio - und Ergotherapeuten supervidierend und motivierend die Therapie führen, ohne dass sie für die kraftfordernde Durchführung der Bewegung selbst zuständig sind.

Als angenehmen Nebeneffekt betonen Mokrusch und Wallesch (2017), dass der Personaleinsatz bei robotergestützter Therapie geringer ist als bei konventioneller Ergo- und Physiotherapie, weil ein Therapeut mehrere Rehabilitanden betreuen kann. Immer muss aber im Sinne der Compliance und des Therapieerfolges dafür gesorgt werden, dass der persönliche Kontakt zwischen dem Rehabilitanden und dem Therapeuten mit seinem „Know-how" grundsätzlicher Bestandteil der Rehabilitation bleibt.

Roboterball Die neuronale Reorganisation nach einem Schlaganfall mit Armparesen und gestörter Greifkraft lässt sich auch mit einem Roboterball erreichen, wobei der Ball von 7,4 Zentimeter Durchmesser entweder über den Boden rollt oder in der Hand gehalten wird (Neuendorf et al. 2018). Bewegungsinformationen des Smartphones werden in Bewegungen des Balls umgesetzt bzw. Bewegungsinformationen des Balls an die App weitergegeben.

Im Inneren der Hülle des Roboterballs sind ein Elektromotor und eine Inertialsensorik verbaut. Der Ball wird über eine Bluetooth-Schnittstelle mit dem Smartphone oder Tablet verbunden. Mit der App *Sphero* wird der Roboterball durch Bewegungen des Smartphones ferngesteuert. Bei der App *Chromo* wird der Roboterball in der Hand gehalten, und ein Punkt auf dem Display des Tablet visualisiert die Bewegungsinformation.

Es wurden die Apps Sphero und Chromo bei 12 Schlaganfallpatienten im Rahmen einer offenen Studie eingesetzt. Dabei konnte gezeigt werden, dass besonders das Greifen und das Interagieren mit Gegenständen erfolgreich bei Armparesen geübt werden konnte. Die Roboterballtherapie ist auch eine wertvolle Ergänzung der Physiotherapie bei Handmotilitätsstörungen der verschiedensten Ursachen. Sie lässt sich in Klinik oder zu Hause auch bei Patienten mit leichten kognitiven Einschränkungen durchführen.

Exoskelett Exoskelette werden an den Körper angelegt und unterstützen die Bewegungen von Armen und Beinen. Toyotas Exoskelett *Welwalk* regt mit Elektromotoren zum Beispiel die Kniebeugung und Kniestreckung im Gehrhythmus an (Maak 2018). Bei zentralen Paresen mit ungestörtem zweiten Motoneuron kann auch eine Kniebewegung im Gehrhythmus durch abwechselnde Elektrostimulation der entsprechenden Beuge- und Streckmuskeln an Ober- und Unterschenkel erreicht werden.

Vorteile der Roboter sind nach Walter (2017) nicht zu übersehen: sie werden nicht krank und können an 365 Tagen rund um die Uhr eingesetzt werden, vorausgesetzt die Akkus sind geladen. Heben, Laufburschearbeiten, Umlagern und vieles mehr kann per Display und Spracheingabe von Pflegenden und Ärzten eingegeben werden. Per Voice-Recorder wird er Gespräche zwischen Arzt und Patient mitschneiden können, und er speichert sie, wenn gewünscht, auch in gekürzter Form ab.

Eine Bezugsperson können Roboter sicher nicht ersetzen, egal wie intelligent Roboter in der Zukunft noch werden. Wenn man aber in den letzten 40 Jahren beobachten konnte, wie bei Schwerstkranken die kompetente Sitzwache im Laufe der Jahre gegen eine Videoüberwachung oder eine IMC („intermediate care") abgelöst wurde, der kann sich vorstellen, dass als weiterer Schritt ein Roboter als sprechende „Sitzwache" des Schwerstkranken sogar wieder ein Fortschritt ist gegenüber dem alleinigen Bettmonitor.

Roboter sollten in naher Zukunft alle Tätigkeiten übernehmen, die menschliche Mitarbeiter nicht ausführen wollen oder die zu schwer oder gefährlich sind. Auch bei Forderungen auf Ausdauer und Präzision sind Roboter dem Menschen überlegen. Schon bald wird der Pflegeroboter so geleast werden können, wie dies heute schon mit Rollstühlen oder Treppenliften möglich ist.

> Niemals werden autonome Systeme wie Pflegeroboter Verantwortung übernehmen können. Verantwortung ist an Intentionalität und Personalität gekoppelt, Fähigkeiten, die nur Menschen zukommen (Nida-Rümelin 2017).

In der Medizin und Altenpflege sind neben der typischen Robotertätigkeit auch das Mitdenken, die Ein- und Umstellfähigkeit und die emotionale empathische Beteiligung gefordert. Hier einen ideologiefreien Ausgleich zu finden, wird für alle Berufsgruppen eine zukünftige Lösungsaufgabe sein.

4.2.3 Tierroboter

In Dänemark, Japan und auch in einzelnen Heimen in Deutschland werden Tierroboter bei demenzkranken Menschen eingesetzt. In Japan heißt ein Seehundroboter *Paro*, in Deutschland *Ole*. Diese etwa 60 Zentimeter lange persönliche Puppe ist dem Jungen einer Sattelrobbe nachempfunden. Durch taktile Sensoren im hellen flauschigen Fell kann Ole beim Streicheln seines Fells mit Wackeln des Schwanzes und Jaulen reagieren, den Kopf hin- und herwiegen oder die Augen öffnen und schließen. Er hat als Kuschel- oder Emotionsroboter, wie viele tiergestützte Therapien, einen beruhigenden Einfluss auf Demenzpatienten. Ole wird in einigen deutschen Pflegeheimen mit Erfolg eingesetzt mit dem Ziel, Demenzkranke zu beruhigen oder zu aktivieren. Die bisherige Erfahrung zeigt, dass Demenzkranke oft aufgeschlossener und gesprächiger werden (Haak 2016).

Das Kunsttier Ole ist im Gegensatz zum Therapiehund stubenrein, beißt nicht, löst keine Allergien aus und ist immer einsatzbereit. Oles Charme erlaubt es, in der besonderen Welt von Demenzkranken als Türöffner zu fungieren (Schmitt-Sausen 2017). Die Therapeuten haben mit Ole nur gute Erfahrungen gemacht, auch wenn er als Helfer nicht jede menschliche Zuwendung ersetzen kann. Die Anschaffungskosten liegen bei knapp 6000 Euro.

Solche Emotionsroboter können menschliche Emotionen „lesen" und „beantworten"; damit geben sie dem dementen Menschen das Gefühl, mit einem denkenden fühlenden Lebewesen zu agieren. Positive Nebeneffekte sind Entspannung und unbewusste Motivation für eine bessere Kommunikation zwischen Patient und Pflegenden (Giannoulis 2018). Auch geben Emotionsroboter damit ein Gefühl der Geborgenheit. Wenngleich Roboter die Menschen nicht als Bezugspartner ersetzen können, geben sie ihnen doch ein Gefühl der körperlichen Nähe und Geborgenheit.

Die Meinung dass diese Art maschinelle Emotionsauslösung als Täuschung anzusehen sei, da die Unterscheidung von virtueller und tatsächlicher Affektivität dem Dementen nicht mehr gelingt, ist mehr theoretischer Natur. In der Pflegerealität muss man den heutigen Zeitdruck und Personalmangel einerseits und die Schwere der Ausfälle in Affekt und Emotionalität bei Demenzen andererseits mit berücksichtigen.

4.2.4 Neuroimplantate mit Roboterarmen

In Abschn. 4.1.2 ist die Möglichkeit erwähnt worden, dass Roboterassistenten dank ihrer Spracherkennungsprogramme eine diagnostische und therapeutische Hilfe bei Aphasiepatienten sein können. Noch aktueller sind die Weiterentwicklungen im Rahmen der Neuroimplantate. Hier sind bei Querschnittgelähmten auch Roboterarme entwickelt worden (Eichler 2015). So war es in einem Einzelfall bei einer Querschnittgelähmten geglückt, eine Elektrode in das Gehirn zu implantieren und dieses Neuroimplantat über ein Kabel mit dem Roboterarm zu verbinden. Nach langer Einübungszeit war es möglich, dass es je nach Art der Gedanken der Gelähmten gelang, mit dem Roboterarm nach Gegenständen zu greifen oder ihren Kaffee selbstständig aus einem Becher zu trinken. Diese Tätigkeiten benötigten aber immer noch permanente Assistenz eines Technikers.

Eine Tübinger Arbeitsgruppe um Surjo Soekadar benutzte an Schlaganfallpatienten statt einer implantierten Hirnelektrode eine Elektrodenkappe, um die Hirnströme zu messen und je nach Gedankenkraft einen Impuls an eine elektrische Armprothese zu senden (Schmundt 2017).

Literatur

Balzter S (2016) Und das soll eine Klinik sein? F.A.S., 4. Dezember, 48, S 31

Budras C (2017a) Watsons Welt. F.A.S., 19. Februar, 7, S 23

Budras C (2017b) Das Imperium. F.A.S., 3. September, 35, S 26–27

Budras C (2018) Home, Smart Home. F.A.S., 14. Januar, 2, S 26

Buschmann R, Rosenbach M, Salden S et al (2017) Der hellwache Riese China. Der Spiegel 46:14–22

Cwiertnia L (2018) Meine unheimliche Mitbewohnerin. Die Zeit, 28. März, 14, S 23–24

Dworschak M (2017) Töff Töff die Wildsau. Der Spiegel 33:87

Dworschak M (2018) Zu dumm. Künstliche Intelligenz. Der Spiegel 6:104–105

Eichler S (2015) Die spannende Welt der Neuroimplantate. Rotary Magazin 9:39–41

Erdogan B (2017) Gestatten, Kollege Roboter. Rhein Ärztebl 10:12–14

Forster B (2017) Gurkencheck. In: Campbell J, Flores C (Hrsg) Aufbruch Daten. Wie Informationen das Leben vereinfachen. Google, Mountain View, S 16–17

Freyermuth GS (2016) KO oder? Nützt die KI dem Menschen oder stellt sie ihn langfristig infrage? Rotary Magazin 8:36–41

Fuchs M (2016) Der digitale Doktor. F.A.S., 12. Juni, 23, S 33

Giannoulis E (2018) zitiert in Schaeben U: Programmierte Gefühle: Der Roboter als Pflegekraft der Zukunft. Rhein Ärztebl 1:25–26

Gießelmann K (2017a) Spezialist für Roboter in der Medizin. Dtsch Ärztebl 114:C281

Gießelmann K (2017b) Künstliche Intelligenz. Die neuen Partner kommen. Dtsch Ärztebl 114:C340–341

Gießelmann K, Osterloh F (2017) Serviceroboter. Autonom leben, so lange es geht. Dtsch Ärztebl 114:C342–343

Haak S (2016) Der will nur helfen. F.A.S., 26. Juni, 25, S 21

Hahn P (2017) Künstliche Intelligenz. Leserbrief. Dtsch Ärztebl 114(15):C624

Helbing D, Frey BS, Gigerenzer G et al (2016) Digital-Manifest (I). Digitale Demokratie statt Datendiktatur. Spektrum Wissensch 1:51–58

Hepp T-U (2017) Leserbrief zu: In Japan pflegen Roboter. Die Zeit, 54, S 16

Höttges T (2015) Der Unterschied zwischen Mensch und Computer wird in Kürze aufgehoben sein (Interview). Die Zeit, 1, S 13–15

Institut für Demoskopie Allensbach (2017) Zitat aus F.A.S., 17. September, 37, S 23

Jahrbuch 2015/2015 des Johannes-Gymnasium Lahnstein, Kapitel Compassion, S 10–14

Jörg J (2009) Sind Sie korrupt, Herr Doktor? novum, München

Kloepfer I (2017) 2050 werden wir nicht mehr selbst Auto fahren dürfen. F.A.S., 8. Oktober, 40, S 23

Köbberling J (2013) Diagnoseirrtum, Diagnosefehler, Befunderhebungsfehler. Verlag Versicherungswirtschaft, Karlsruhe

Kolonko P (2017) Gesichter am Pranger. F.A.S., 17. September, 37, S 8

Kretschmer C (2018) Maschinen mit ganz menschlichen Fehlern. F.A.S., 21. Januar, 3, S 61

Lenzen-Schulte M (2017) Medizinische Suchmaschinen. Mit einem Mausklick zur Diagnose. Dtsch Ärztebl 114:C1001–1002

Liepert J, Breitenstein C (2016) Neues zur Neurorehabilitation: Motorik und Sprache. Nervenarzt 87:1339–1352

Maak N (2018) Nie mehr allein. F.A.S., 14. Januar, 2, S 45

Mokrusch T, Wallesch C (2017) Fortschritte der Neurorehabilitation. Akt Neurol 44:537–538

Müller MU (2017) Kampf um die Lücke. Der Spiegel 8:68

Neuendorf T, Zschäbitz D, Nitzsche N, Schulz H (2018) Training der oberen Extremitäten mit einem Roboterball bei Schlaganfallpatienten. Akt Neurol 45:117–126

Nida-Rümelin J (2017) zitiert aus: Richter-Kuhlmann E: Autonome Maschinen in der Medizin. Chancen und ethische Grenzen. Dtsch Ärztebl 114:C1121–1122

Osterloh F (2017) Klinische Intelligenz. Unterstützung bei der Diagnose. Dtsch Ärztebl 114(9):C344

Pfadenhauer K, Ertl M, Berlis A, Hittinger M (2016) Zerebrale Ischämie bei akuter Riesenzellarteriitis. Klinische und diagnostische Besonderheiten bei 36 Patienten. Akt Neurol 43:485–492

Sailer M, Sweeney-Reed C, Lamprecht J (2017) Roboter- und gerätegestützte Rehabilitation der oberen Extremität. Akt Neurol 44:555–560

Schirrmacher F (2009) Payback, 3. Aufl. Blessing, München

Schmitt-Sausen N (2017) Assistenzroboter. „Ach ist der süß". Dtsch Ärztebl 114(41):C1547–1549

Schmundt H (2017) Träumt weiter, Cyborgs. Der Spiegel 23:102–103

Schnabel U (2018) Wenn die Maschinen immer klüger werden. Die Zeit, 28. März, 14, S 37–39

Smith B (2018) Künstliche Intelligenz und die Zukunft von Wirtschaft, Arbeit und Gesellschaft. Vortrag am 22.1.2018 in BMWi, Berlin

Tellers L (2016) Die Fusion von Mensch und Maschine. Rheinische Post, 1. Dezember, S C5

Wagner W (2017) Smarter Köter. Digitalisierung. Der Spiegel 46:78–79

Wahl-Immel Y (2016) Die Mensch-Maschine im OP. Spiegel Online, 15. November, S 1–4

Walter T (2017) Der Roboter ist die Schwester der Zukunft. Rheinische Post, 4. April, S B4

Weiguny B (2017) Der denkende Roboter treibt den Wohlstand. F.A.S., 16, S 27

5

Folgen und Zukunftsvisionen der digitalisierten Medizin

Die Digitalisierung hat die Medizin erreicht. Spätestens mit der Einführung des E-Health-Gesetzes 2016 gehören Telemedizin, Telemonitoring und elektronische Arztbriefe immer häufiger zu unserem Alltag. Durch die Vernetzung und Verarbeitung der Gesundheitsdaten wird es mithilfe von künstlicher Intelligenz, innovativen Apps, Telemonitoring und Telemedizin immer öfter ermöglicht, dass Ärzte und Patienten von einer schnelleren Diagnostik und individuellerer Behandlung profitieren.

Der Bauingenieur Konrad Ernst Zuse baute 1941 den ersten programmierbaren, funktionsfähigen Computer der Welt und stellte ihn in Berlin vor. Trotzdem wurden Arztbriefe, Befunde und wissenschaftliche Abhandlungen auch in den folgenden Jahrzehnten noch viel zu oft handschriftlich auf Papier, ausgedruckt oder gar mit Schreibmaschine festgehalten.

Heute ist der getippte Arztbrief wohl noch die Regel, der elektronische Arztbrief ebenso wie die elektronische Patientenakte (ePA) seit 2018 in der aktuellen Umsetzung. Immer mehr Menschen nutzen Fitnessarmbänder und Smartphones als Kleinstcomputer, um damit nicht nur per E-Mail, SMS oder WhatsApp zu kommunizieren, zu fotografieren oder Musik zu hören, sondern auch um die tägliche Schrittzahl, den Kalorienverbrauch oder den Puls zu messen.

Mit der weiteren technischen Entwicklung wird die Archivierung und Auswertung aller medizinischer Daten im Computer erfolgen. Zu Befürchtungen zum Datenschutz und der digitalen Selbstbestimmung muss es aber spätestens dann kommen, wenn mit dem Einsatz von implantierten

© Springer-Verlag GmbH Deutschland, ein Teil von Springer Nature 2018
J. Jörg, *Digitalisierung in der Medizin,*
https://doi.org/10.1007/978-3-662-57759-2_5

Biosensoren auch Blutdruck und Zuckerwerte von jedem Smartphone ausgewertet werden können und subkutan gelegene Chips als Ersatz von Personalausweis und Gesundheitskarte propagiert würden. Auf Fragen der Selbstbestimmung und der digitalen Ethik wird daher im Abschn. 5.3 und Abschn. 5.4 eingegangen.

5.1   Die Zukunft ist digital

Die Zukunft ist digital, denn zahlreiche Technologien werden bis 2030 unseren Alltag stark verändern: selbstfahrende Autos, Pflegeroboter, Drohnen im Notfalleinsatz oder zur Überwachung, Zubehör zur Darstellung virtueller Realität und die Telemedizin inklusive Telemonitoring. Die Digitalisierung der Medizintechnik revolutioniert Diagnostik, Therapie und Rehabilitation. Diese Entwicklung von der analogen zur digitalen Medizin kann ein echter Nutzen für Patienten, Ärzte, Kliniken und Kostenträger sein. Ärzte werden nicht nur Medikamente, sondern auch Apps verordnen (Kuhn 2018).

Die Digitalisierung der Medizin im 21. Jahrhundert ist mit der Elektrifizierung Ende des 19. und Anfang des 20. Jahrhunderts vergleichbar. Alle Bürger sollten sich daher als Mitglied der Gesellschaft in jedem Alter verpflichten, *digital mündige Bürger* zu werden, damit es zu keiner digitalen Fremdbestimmung kommt (Jörg 2017).

Es wird sich zeigen, ob eine ausschließlich digital abgefragte individuelle Behandlung auch ein „Zeichen der Zeit" oder nur in Ausnahmefällen sinnvoll ist. Mit der digitalen Revolution übernehmen viele Menschen in jedem Fall mehr Verantwortung für ihre eigene Gesundheit. Dabei ist der ärztliche Anspruch, allen Patienten *evidenzbasierte Medizin* anzubieten, in Zukunft nur mit elektronischer Unterstützung durch entsprechende Datenbanken einzulösen.

Eine bessere Versorgung ist zu erwarten durch *Vernetzungen* zwischen Fachabteilungen der Kliniken, niedergelassenen Ärzten und Krankenkassen rund um die Uhr. Verlässt ein Patient die Klinik, werden der elektronische Arztbrief mit Medikationsbericht und Entlassungsdiagnose automatisch auf Wunsch des Patienten an den Hausarzt und ihn selbst versandt. Ärzte und Patienten kommunizieren möglichst auf Augenhöhe.

Im Alltag der meisten Europäer ist die digitalisierte Medizin in Form des Smartphones heute schon angekommen. Allerdings unterscheidet sich der Europäer vom US-Amerikaner dadurch, dass der Amerikaner viel mehr individuelle Gesundheitsdaten sammelt, beispielsweise Puls, Blutdruck, Blutzucker, Herzrhythmus, Sauerstoffsättigung. Auf Wunsch schickt der zukünftige Patient diese Daten dann per Smartphone seinem Hausarzt. Auch Apps können je nach Sensor viele sinnvolle Anreize bieten und so den wichtigen persönlichen Arzt-Patienten-Kontakt ergänzen.

Moderne digitale Technologien ermöglichen neue Versorgungsstrukturen, auf die in Abschn. 5.2 eingegangen wird. Einzelne Entwicklungen erfordern schon jetzt gesellschaftspolitische Konsequenzen wie die Einhaltung der Rechte auf Selbstbestimmung, auf Kopie und auf Anonymität (siehe hierzu Abschn. 5.4).

5.2 Neue Versorgungsstrukturen und Technologien

Telemedizin darf nicht in Konkurrenz, sondern muss wertvolle Ergänzung zum persönlichen ärztlichen Gespräch und der persönlichen Untersuchung sein. Es wäre fatal, wenn das E-Health-Gesetz zu mehr Medizintechnik, mehr Mediziningenieuren, mehr Kontrollern, aber weniger persönlichen Ärztegesprächen führen würde.

5.2.1 Arztmangel

Die Demographieentwicklung und der Arztmangel auf dem Lande machen heute eine dauerhafte Lösung ohne Einsatz der Digitalisierung und Telemedizin unmöglich. Gerade für alte Menschen ohne Angehörige oder jüngere Nachbarn können E-Health-Systeme eine echte Hilfe sein, da sie sonst auf häufige Arztbegleitungen beim Besuch der Praxis angewiesen wären.

> Oft erlaubt ihnen alleine das Telemonitoring oder die elektronische Überwachung zu Hause ein selbstbestimmtes Leben daheim zu führen. Eine Versorgung in Altenheimen alleine aus Gründen der besseren Überwachung wäre dann nicht mehr nötig.

Telemedizin erfordert disziplinübergreifende kooperative Behandlungen und ermöglicht in der Kardiologie und Neurologie bessere Versorgung von Menschen gerade in ländlichen Regionen. Hausärzte werden ebenso wie Patienten *Online-Videosprechstunden* nutzen, um Rat bei Fachkollegen einzuholen. Die Zeit des hausärztlichen Einzelkämpfers ohne Fachvernetzung geht zu Ende.

5.2.2 Notfallversorgung

Die Digitalisierung wird den Versorgungsalltag in der Notfallversorgung weiter dramatisch verändern. Der Notfallpatient hat von der digitalisierten Medizin einen besonderen Nutzen, da der Notarzt in konkurrenzlos kurzer Zeit dank der Gesundheitskarte oder der elektronischen Patientenakte (ePA) auf dem Smartphone ein weitgehend umfassendes Bild seines Patienten erhält und er sich Doppeluntersuchungen sparen kann.

5.2.3 Versorgungsassistenz

Die heute immer selteneren ärztlichen Haus- oder Altenheimbesuche werden „telemedizinisch" reaktiviert. Die Telemedizin ermöglicht dem Arzt die virtuelle Präsenz mittels eines *medizinischen* Versorgungsassistenten (mVA). Altenheimvisiten und Hausbesuche können durch medizinische Assistenten von Ärzten mithilfe der Telemedizin wieder realisiert werden. Dies alles sind ärztliche Aufgaben, die heute für immobile Patienten – sei es zu Hause oder im Heim – oft ganz unterbleiben.

> Mit telemedizinischer Technologie und einem Arzt im Hintergrund wird es möglich, dass auch medizinisch weniger qualifizierte, aber pflegerisch überqualifizierte, geschulte Personen – beispielsweise nach Bachelorabschluss – als Arztassistenten diagnostisch und therapeutisch tätig werden.

In der Gefäßchirurgie am Helios Klinikum in München West arbeiten Operationsschwestern, die sich mit einem Bachelorstudium zur Physician Assistant (PA) weitergebildet haben. Sie bereiten die Patienten auf die Operation vor, legen Instrumente bereit und kümmern sich um die Narkose. Am Rhön-Klinikum Bad Neustadt erfolgt durch qualifizierte Operationspfleger die operative Öffnung des Thorax.

Diese Arztassistenten oder Physician Assistants mit Pflegeausbildung und Bachelorabschluss verdienen etwas weniger als Assistenzärzte, aber deutlich mehr als examinierte Pflegende und brauchen oft keinen Nacht- und Wochenenddienst zu machen (Droll 2018). Sie nehmen Blut ab, erheben Teile der Anamnese, machen standardisierte Tests, helfen bei der Narkoseeinleitung oder operativen Eingriffen.

Der Medizinjurist Bernd Halbe vermutet, dass vor dem Hintergrund des steigenden Ärztemangels die Grenzen der Delegation an das nichtärztliche

Personal in Zukunft weiter aufgeweicht werden. Als Beispiele nennt er den Notfallsanitäter und den entlastenden Versorgungsassistenten (EVA) (Halbe 2017). Würde die Aufweichung der bisherigen Grenzen der Delegation Arzt–Nichtarzt nicht aus der Not heraus, sondern auch als Folge der Digitalisierung sowie der zunehmenden Kompetenzverteilung im Rahmen der Patientenversorgung angesehen werden, hätten die Landesärztekammern den Patienten und vielen anderen kompetenten medizinischen Berufsgruppen einen großen Dienst erwiesen. Noch fehlt es aber an klaren rechtlichen Voraussetzungen in Deutschland; immer noch gilt für viel zu viele medizinische Tätigkeiten der Arztvorbehalt.

5.2.4 Akademisierte Pflege

Die akademisierte Pflege mit Bachelorabschluss wäre neben dem telemedizinisch vernetzten mVA eine gute Lösung zur Behebung des drohenden Ärztemangels. Ganz abgesehen davon, dass das eigentliche Argument gegen die geforderte Delegierung von ärztlichen Aufgaben – Fachkompetenz, Verantwortung, GOÄ-Abrechenbarkeit – dann endlich hinfällig würde (Jörg 2015). Die Akademisierung der Pflege würde mehr „Heilkunde durch die Pflege" ohne ständige Supervision durch den Arzt möglich machen (Litsch 2018).

In Skandinavien, den Niederlanden und den USA ist die Ausbildung der Krankenpfleger akademisiert, was die Aufteilung einer neuen Arbeitsteilung ermöglicht. Die Registered Nurse hat einen Bachelor- oder Masterabschluss und nimmt dem Arzt sämtliche administrativen und organisatorischen Arbeiten ab. So ist es möglich, dass 80 % der Arbeiten eines deutschen Oberarztes von seinem Kollegen in den USA nicht ausgeführt werden (Hahn 2018).

5.2.5 Bild-, Sprach- und Gesichtserkennung

Weiter entwickelte Software-Programme zur speziellen Bild-, Sprach- und Gesichtserkennung in der Neurologie, Dermatologie und Radiologie erlauben in Zukunft schnellere diagnostische Zuordnungen und eine noch frühere Tumorerkennung in CT- oder MRT-Bildern.

Spracherkennungsprogramme können bei der Einordnung des Aphasietyps oder der Zuordnung der Dysarthrieformen den Medizinstudenten und Ärzten in der Facharztausbildung hilfreich sein, wenn die Software entsprechend weiterentwickelt wird. Dieser Fortschritt wäre vergleichbar mit den immer mehr genutzten Spracherlernungsprogrammen (zum Beispiel die App *DuoLingo*). Bisherige Lehrbücher in Kombination mit Tonträgern sind dann nur noch von historischem Wert (Jörg und Wilhelm 1985).

Für die Patienten wäre die *Online-Sprachtherapie* zusätzlich zur persönlichen Logopädie eine wertvolle Ergänzung. Wenn eine persönliche Behandlung nicht möglich oder nicht mehr alleine nötig ist, sollte die Online-Videologopädie der alleinigen Online-Therapie vorgezogen werden. Gerade bei der Sprach- und Sprechbehandlung müssen auch Ausdrucksverhalten und Gesichtsmotorik geübt werden, die „Face-to-face"-Therapie ist also indiziert.

Mit dieser Technisierung wird in der Medizin eine neue Ära beginnen. Sowohl die Gesichtserkennung als auch die Spracherkennung werden die Assistenzroboter in den nächsten Jahren qualitativ weiter entwickeln.

5.2.6 Künstliche Intelligenz

Die Künstliche Intelligenz (KI) ist für die Diagnosefindung insbesondere seltener Erkrankungen dank der maschinellen Datenanalyse ein riesiger Fortschritt. Nur mit dem maschinellen Lernen (ML) lassen sich die immer größer werdenden Daten in der Medizin bewältigen. Für die Besorgten unter uns Ärzten bleibt es ein „Trost", dass kein noch so intelligentes System die Erfahrung und Intuition eines Arztes ersetzen kann. Kein Rechner kann eine Diagnose stellen, sondern er kann nur statistische Wahrscheinlichkeiten anhand der gegebenen Daten kalkulieren.

Diagnose-Apps alleine in Patientenhand sind den ärztlichen Diagnosesystemen im Rahmen der KI noch weit unterlegen (siehe auch Abschn. 2.1.1 unter „Prävention für Kranke").

> Diagnose-Apps sind keine Alternative zum Arztbesuch. Ob sie im Vorfeld eines Arzt- oder Klinikbesuches hilfreich sein können, ist noch zu prüfen (Merz et al. 2018).

Trotzdem erlauben Smartphone-App-basierte Systeme wie *Ada Health* mithilfe einer systematischen, symptomorientierten Anamnese eine differenzialdiagnostische Einschätzung (Ada Health 2018).

Zweifellos können intelligente Maschinen uns Menschen auf immer mehr Feldern überholen. Doch den Menschen zeichnet nicht nur Intelligenz, sondern auch Alleinstellungsmerkmale wie Kreativität, Empathie, Hingabefähigkeit und Einfühlsamkeit aus (Schnabel 2018). Damit ist der Mensch immer noch komplexer als alle Computer, die über seine Daten verfügen. Nur diese humanen Qualitäten werden verhindern, dass eines Tages *selbstlernende* künstliche Intelligenz menschliche Intelligenz beherrschen oder gar übernehmen wird. Döpfner (2017) bezeichnet diesen befürchteten Moment als „unfriendly takeover" unserer Zivilisation.

In Zukunft muss die Gesellschaft entscheiden, welchen Nutzen der KI wollen wir verbieten und welchen unterstützen. Nach Bill Gates, dem Microsoft-Gründer, kann die KI für den Menschen eine existenzielle Gefahr bedeuten. Kernpunkt dieser Diskussion ist letztlich die sogenannte Technologische Singularität, also der Zeitpunkt, an dem sich Maschinen ohne Kontrolle oder Zutun des Menschen weiterentwickeln (Burwig 2017). Schutz vor einer solchen Entwicklung bietet der Vorschlag von Brad Smith (2018), dass KI-Systeme fair, zuverlässig und sicher sein sowie die Privatsphäre schützen müssen und die Verantwortlichkeiten geregelt sind.

Die neuen Technologien werden dazu führen, dass unsere Urenkel älter als 100 Jahre alt werden. 2050 wird die durchschnittliche Lebenserwartung die 100 überschreiten. 1800 lag sie noch bei 36 Jahren. Wenn man die 100 Jahre dann auch überwiegend gesund bleibt, hätte sich der Einsatz der neuen Technologien schon gelohnt. Eine „*Vollverdatung*", wie es bei der Rinderlandwirtschaft heute schon in der Zuordnung der individuellen Futtermischung und größenadaptierten Melkrobotern möglich ist, sollte uns Menschen erspart bleiben (Vicari 2017).

Spätestens 2030 soll mit Nabelschnurblut das gesamte genetische Profil mit allen genetischen Risiken und der gesamten Pharmakogenetik erstellbar sein. Auch könnte dann eine Gewebekultur mit Stammzellen und Fibroblasten zur späteren „Ersatzteillieferung" zukünftig erkrankter Organe angelegt werden. Alle Daten könnten – wenn gewünscht – auf der eGK des Eigentümers gespeichert werden. Eine Einsichtnahme durch Krankenkassen oder Arbeitgeber wäre aber nur mit Genehmigung des Eigentümers möglich.

5.2.7 Roboter

Roboter sind nützliche Maschinen, die dazu beitragen, uns gesund zu halten oder körperlich schwere belastende Arbeit sowie Präzisionsarbeit 365 Tage im Jahr ohne Ermüdungserscheinungen abzunehmen. In den Anfängen dachte man noch, dass Roboter die menschliche Arbeitskraft zu einem wesentlichen Teil ersetzen. Die Vision von der menschenleeren Fabrik geisterte durch viele Diskussionen, wurde aber nie Wirklichkeit. Heute setzt man auf *Arbeitsteilung zwischen Mensch und Roboter*, bei der beide ihre Fähigkeiten ausspielen. So kann der fahrerlose Transportroboter *Postbot* dem Postboten das Schleppen abnehmen, die Briefzustellung bleibt aber dem Postboten vorbehalten (Heller 2017).

In der Medizin können Roboter die Ärzte durch Übernahme von Routinetätigkeiten entlasten und zur Verbesserung der Operationsergebnisse beitragen. Roboter sind in der *minimalinvasiven Chirurgie* wegen ihrer höheren Präzision und der schnelleren Wundheilung oft ein Gewinn. In der Zukunft wird die Roboterarbeit bei Operationen in der Bauch- oder Brusthöhle noch weiter verbessert werden können, wenn die CT-Daten in 3D auf ein tragbares Gerät übertragen werden und so dem Arzt an der Konsole während der Operation das Gefühl gegeben wird, förmlich in der Bauchhöhle – alle Organe bis zehnfach vergrößert – tätig zu sein (Wilms 2017). Egal wie ausgefeilt die neuen Systeme auch sein werden, alle Roboterassistenzsysteme entlassen den Chirurgen aber nicht aus seinem „Pilotensitz".

Pioniere der künstlichen Intelligenz wie Chris Boos (2017) sind sich sicher, dass in Zukunft ein Großteil der jetzt von Menschen erledigten Arbeiten autonom durch Maschinen, speziell Roboter, ausgeführt werden können. Dabei sieht Boos aber nicht so sehr die Übernahme einfacher Arbeiten als besonders leicht durch Maschinen durchführbar an, sondern besonders die Tätigkeiten, die eine hohe Spezialisierung und großes analytisches und abstraktes Denkvermögen erfordern.

Menschen dürfen aber nicht zu humanoiden Robotern mutieren, indem sie schneller, klüger, stärker, emotionaler, sozialer, billiger werden. Dann wäre die Befürchtung berechtigt, dass der Homo sapiens als „Neandertaler" enden würde, wenn er nämlich im Wettbewerb mit dem Homo roboticus den Kürzeren zieht (Hill 2017).

Vorteile von Robotern in selbstfahrenden oder selbstfliegenden Autos liegen auf der Hand: Sie haben die besseren Fahrer bzw. Piloten, da sie nie abgelenkt sind, nicht ermüden, reaktionsstark und stets – dank vieler Sensoren – im Bilde über das Verkehrsgeschehen. Dies alles aber nur in Abhängigkeit von der Sensorenqualität, insbesondere den optischen und akustischen Eingängen.

Folge wird sein, dass die Zahl der Unfälle und Verhaltensfehler sinken wird. Computer kennen kein Entsetzen, sie bleiben kalt und immer zurechnungsfähig. Die Entscheidungsfähigkeit bei neuartigen Unfällen oder Konflikten hängt nur von der Software ab. Daher braucht er eindeutige Regeln. Kameras am Auto sorgen für stete Rundumsicht, mit Gesichtserkennung lassen sich Alter und Geschlecht der Unfallbeteiligten klären. Hauptzweck der autonomen Autos und Drohnen sind der am geringsten mögliche Schaden an Leib und Leben. Bis 90 % der Verkehrsunfälle gehen auf menschliches Fehlverhalten zurück. Es ist zu hoffen, dass mit Einsatz von Assistenzrobotern und autonomen Autos die Zahl der weltweit über 1 Million Toten auf den Straßen zurückgehen wird (Dworschak 2016).

5.2.8 Sensoren

Sensoren werden in Zukunft eine immer größere Ausbreitung erleben. Wenn ein weit reichendes Netzwerk aus dem Zuhause, unserer Firma und unserer Gemeinde aufgebaut ist, könnte unser Alltag auch mit Milliarden digitaler Sensoren verknüpft werden. Es ist zu befürchten, dass auch Sensoren einmal in den Körper implantiert oder injiziert werden, um so in unserem Körper Daten, zum Beispiel zur Prognosebewertung, zu erfassen (Hill 2017).

Jedes Smartphone kann mit einem *GPS-System*, einem Positionsbestimmungssystem sowie einem Ortungsprogramm ausgestattet werden. Mit einer solchen „Fuß- oder Ortungsfessel" lassen sich Kinder überwachen und aufspüren, was für besorgte Eltern eine große Sicherheit bedeuten kann. Auch Demente lassen sich so im Falle des Verlaufens schnell wieder finden. Nötig ist nur, dass Personen mit der Gefahr des Verlaufens immer mit einem Handy ausgestattet werden, das geladen und mit einem GPS-System implementiert ist. Es ist aber in jedem Einzelfall zu hinterfragen, ob das GPS-System im Vergleich zu der früher üblichen Begleitperson ein echter Fortschritt ist.

Können die betroffenen Personen mit dem Handy umgehen, wäre der Rückweg nach Hause auch mit der Navigations-App zu finden.

5.2.9 Überwachung

In der Zukunft der digitalen Arbeitswelt ist die ständige Überwachung menschenunwürdig, selbst wenn das permanente Überwachen und Vergleichen von Mitarbeitern zu einer Leistungssteigerung führt.

> Jede Art elektronisches Meldesystem sollte allenfalls **zeitweise** zur Optimierung von Prozessen akzeptiert werden.

Auf Dauer sind sie ebenso wie Roboter in der digitalen Arbeitswelt gefährlich, da deren Steuerungschips weder Gewissen noch Moral haben (Brauck
2015).

Die Urangst der Menschen vor einem Kontrollverlust durch
Beherrschung von uns durch Maschinen ist nicht gerechtfertigt. Eher ist die
Angst berechtigt, dass wir Menschen uns zu sehr auf Algorithmen verlassen
und dabei vergessen, dass Algorithmen nichts anderes als Werkzeuge sind,
um diejenigen Ziele zu erreichen, die nur wir als Menschen festlegen.

Mithilfe von Bewegungssensordaten könnte in Zukunft ein
Krankheitsprofil – zum Beispiel ein beginnendes Hemi-Parkinson – früh-
zeitiger erkannt werden. Die präzise Dateninterpretation durch einen kompetenten Arzt ist aber unabdingbar, um das notwendige Vertrauen von Arzt und
Patient in technische Systeme zu gewinnen und zu erhalten. Anders als ein
Computer kann der Mensch nur mit einer sehr gut aufbereiteten Datenmenge
gut umgehen und der Arzt damit richtige Entscheidungen treffen.

Über Vigilanzsensordaten, die aus dem EEG, der elektrodermalen
Aktivität (EDA), der Pupillographie und Reaktionszeitmessungen entwickelt werden könnten, ließen sich in Zukunft Berufsfelder mit hoher
Fremdgefährdung – Piloten, Lkw- und Busfahrer – auf ihre ständige Fahr-
oder Flugtüchtigkeit überwachen.

Einfache Müdigkeitssensoren könnten auch eine wichtige Hilfe zur
Reduktion der über 3000 Verkehrstoten in Deutschland sein.

Die *Erkennungschiptechnik* ermöglicht es, dass in Zukunft jede Person
statt eines Personalausweises und einer Gesundheitskarte einen subkutan
applizierten Chip am Unterarm besitzt, der alle diese Daten jederzeit für
einen selbst und auch andere zugänglich machen kann. Dieser Chip würde
im Tagesablauf viele Veränderungen, nicht selten auch Erleichterungen bringen. EC-Karten zur Bezahlung könnten ebenso entfallen wie persönliche
Personenkontrollen bei Polizei oder Zoll mit Foto, Pass und Fingerabdruck.
Langfristig wäre auch die Senkung der Kriminalität zu erwarten. Auf einem
solchen Chip wären auch alle Daten der elektronischen Gesundheitskarten
leicht unterzubringen.

2015 wurden im Innovationszentrum Epicenter in Stockholm mehreren Hundert
Beschäftigten reiskorngroße Mikrochips in die Hände eingepflanzt (Harari 2017).
Mithilfe der dort gespeicherten Sicherheitsinformationen konnten die Beschäftigten
per Handbewegung Türen öffnen oder Kopiergeräte bedienen.

Mit einem solchen Erkennungschip wäre auch die dauernde Überwachung des
Standortes jedes Bürgers möglich; umgekehrt wäre der Vorteil eines solchen

„visionären Spuks", dass Patienten mit Chip und Orientierungsstörung jederzeit geortet **könnte** und geholfen werden könnten.

Statt der Benutzung von Chips wäre der Einsatz der Gesichtserkennung vielleicht eine angenehmere Alternative.

5.2.10 Neurotechnik mit Brain-Computer-Interface (BCI)

BCI, genannt auch Brain-Machine-Interface (BMI), zu Deutsch Gehirn-Computer-Schnittstelle, ist eine spezielle Mensch-Maschine-Schnittstelle, die ohne Aktivierung des peripheren Nervensystems eine Verbindung zwischen Gehirn und Computer ermöglicht. Dazu wird entweder die hirnelektrische Aktivität des Gehirns, das EEG, aufgezeichnet, oder es wird die hämodynamische Aktivität des Gehirns mittels fMRI gemessen. Diese Daten werden mithilfe von Rechnern analysiert und in Steuersignale umgewandelt.

Allein mit Gedankenkraft den Cursor am PC steuern, Arm- oder Beinprothesen bewegen oder auf einer mentalen Schreibmaschine tippen, ist der Traum jedes gelähmten Menschen. Diese Technik könnte Patienten mit ALS, Locked-in-Syndrom oder Schlaganfall wieder einen Teil Autonomie und ein Stück Lebensqualität zurückgeben.

> BCIs „lesen" die elektrische Hirnaktivität, die schon beim reinen Gedanken an eine Bewegung entsteht, und übersetzen sie in Steuersignale für Geräte und Maschinen.

So können Querschnittgelähmte schon heute experimentell mit ihren Gedanken Roboterarme so bewegen, dass sie ihnen etwas zu trinken reichen. Auch wäre es möglich, dass durch reine Konzentration und mit Unterstützung eines Computerprogrammes Wörter auf einem Bildschirm geschrieben werden (Meckel 2017). Damit wird „Neuromedizin mit BCIs" schon bald keine Science-Fiction mehr sein, da in kurzer Zeit per „vorgestellter" Hirnaktivität Patienten nicht nur in Einzelfällen ihre gelähmte Extremität mit Roboterarmen bewegen werden.

In Zukunft ist geplant, zerebrale Funktionsdaten über die Konzentration, Wohlbefinden oder Ruhe bzw. Aufgeregtheit so zu analysieren, dass sie sich zur Selbstoptimierung eignen (Weissenberger-Eibl 2015). Vorstellbar wäre es, dass die BCIs die Konzentrationsleistung messen, überwachen und dann auch „optimieren" zur Verbesserung der eigenen Konzentration durch Veränderung der Raumbeleuchtung oder verhindern von Telefonanrufen.

Alle Absichten des Gehirns würden direkt über die verschiedene Gehirnaktivität an den Computer übermittelt, sodass beim Fahren eines Autos bei nachlassender Konzentration oder zunehmender Müdigkeit automatisch eine Abbremsung erfolgen könnte, wenn auf einen vorangehenden optischen oder akustischen Reiz nicht sofort reagiert wird.

Diese Neurodaten können in ferner Zukunft Informationen über Gedanken, Emotionen, kognitive Störungen oder Prädispositionen für Verhaltenseigenheiten geben. Spätestens dann wird nach Weissenberger-Eibl die *Selbstoptimierung des Menschen* eine gesellschaftliche Herausforderung. In den USA soll die „gute Laune" per Elektrode im Kopf mit der dazugehörigen App bereits Realität sein, sodass ein guter Gemütszustand per Knopfdruck schon für 300 Dollar erhältlich sein soll (Meckel 2017).

5.3   Datenschutz, Selbstbestimmung und digitale Ethik

5.3.1 Datenschutz

Der Informatiker Manfred Broy und der studierte Philosoph Richard David Precht (2017) vermuten als Folge der Digitalisierung kein positives Zukunftsszenario für unsere Gesellschaft, ja sie befürchten sogar eine Massenvernichtung von Arbeitsplätzen. In der Medizin erwarten sie als Gewinn eine höhere Präzision, als negative Zukunftsbilder spekulieren sie, dass ältere Menschen „einen Roboter als Haushaltshilfe und Haustier in einem" bekommen werden.

Diese pessimistische Einschätzung ist zumindest für das Gesundheitswesen fragwürdig, da die Internetmedizin sicher das Potenzial besitzt, eine Verbesserung der medizinischen Versorgung zu bewirken. Die digitalisierte Medizin muss aber darauf achten, dass Patienteninteressen nicht gegen Hightech-Interessen ausgespielt werden. Digitalisierung verbunden mit Ökonomie und Gewinnmaximierung wird gerne assoziiert mit totaler Datentransparenz. Privatheit mit *Datensouveränität* von Personen wird als Diebstahl an der Forschung interpretiert. Solch eine totale Online-Überwachung und Datentransparenz, wie es Dave Eggers in seinem Zukunftsroman „The Circle" 2014 beschreibt, ist aber ein Horrorszenario. Dem stehen Schweigepflicht, Datenschutz und Datensouveränität als wichtigste Patienteninteressen entgegen.

Die digitale Medizin erzeugt eine Unmenge an Datenströmen, die man hervorragend gebrauchen, aber auch missbrauchen kann. Daten sind in der industriellen Welt das neue Öl (Döpfner 2016). Datenschutz und ärztliche Schweigepflicht gehören zu den höchsten Rechtsgütern, die es zu wahren gilt.

> Ein verbesserter Datenfluss darf in keinem Fall zur Einschränkung der Schweigepflicht führen (siehe Kasuistik 1 im Abschn. 1.1). Der Datenschatz der Zukunft muss untrennbar mit dem Datenschutz verbunden sein.

Ebenso wichtig wie die Anonymisierung individueller Gesundheitsdaten sind der Schutz der Privatsphäre und die Sicherung der Datenqualität zu beachten.

Die heutige junge Generation hat leider keinen hohen Anspruch an den Datenschutz. Aus der Art, was Menschen wie, wann mit wem bei Facebook oder Twitter posten, lässt sich schon heute mit einer gewissen Wahrscheinlichkeit auf einen Drogenkonsum oder eine Alkoholkrankheit schließen. Dies wäre für die Personalabteilung eines Unternehmens, einer Lebens- oder Krankenversicherung von großem Wert, für den Betroffenen aber eine ernste Gefahr. Trotz dieses Wissens hat die heutige junge Generation weniger Angst, überwacht als „übersehen" zu werden (Altmeyer 2016). Sie genießt es, von anderen im Internet gesehen, gehört, beachtet zu werden. Bei Facebook oder WhatsApp wird ihr Bedürfnis nach Nähe und Kontakt, nach Kommunikation und Austausch befriedigt, obwohl allen bekannt ist, dass alle ihre persönlichen Daten abgeschöpft und ausgewertet werden. Ja selbst auf den Einsatz von verbalen Belohnungen und anderen Schmeicheleien fallen viele modernen Menschen aufgrund ihrer Technologiegläubigkeit herein (Schirrmacher 2009).

Briefe und verschlüsselte CDs oder USB-Sticks hinterlassen im Gegensatz zu Telefon- und Internetverbindungen (besonders E-Mail) keine Datenspuren.

> Die komplette elektronische Überwachung und das individuelle Datensammeln ohne deren Zustimmung, die Registrierung aller persönlichen Daten und kein Recht auf „Vergessenwerden im Internet" ist abzulehnen.

Transparenz darf nicht über alles gehen, so wie es Eggers (2014) im Roman „Der Circle" warnend beschreibt.

5.3.2 Digitale Ethik und Selbstbestimmung

Nötig ist eine Ethikkommission, die bei allen Plattformen wie Google, Facebook oder Telegram klare Regeln festlegt und Instrumente gegen eine Digitalisierung nach Wildwestmanier ebenso verhindert, wie illegale Nutzungen der Big Data (Höttges 2015). Wir brauchen eine digitale Verantwortung insbesondere in der Medizin, da die Hauptsorge gegenüber der Digitalisierung im mangelnden Datenschutz besteht. Es gilt, immer den Datenschutz und die informationelle Selbstbestimmung der Bürger und Patienten zu wahren. Die Angst vor dem digitalisierten Arzt mit „durchlöcherter" Schweigepflicht ist ernst zu nehmen. Andererseits lässt sich beispielsweise mit der Telemedizin Hilfe erbringen, wie diese vor Ort nicht geleistet werden kann.

Am 25. Mai 2018 ist die Datenschutz-Grundverordnung der Europäischen Union (EU-DSGVO) in Kraft getreten. Dies bedeutet, dass Unternehmen eine höhere Verantwortung bei der Verwendung von Daten tragen; die Rechte der Bürger werden gestärkt, der Datenmissbrauch ist kein Kavaliersdelikt mehr (Ladurner 2018).

Der Deutsche Ethikrat hat 2017 ein Gestaltungskonzept für die Medizin vorgeschlagen, das die Datensouveränität des Einzelnen sichern soll (Richter-Kuhlmann 2017). Dabei wird eine „Datenspende" jedes Einzelnen für möglich angesehen, da das Teilen von Daten in der Medizin die medizinische Forschung und damit die Heilungschancen für Menschen verbessern kann. Vorausgesetzt dafür ist aber immer die Gewährleistung eines umfassenden Datenschutzes.

Kasuistik 15

Patientin mit künstlichem Koma und Diagnose akuter Verschluss der A. mesenterica (Frau J., 89 Jahre)
Frau J. war als gelernte Köchin über Jahrzehnte eine erfolgreiche Geschäftsfrau und Mutter dreier Kinder. Sie lebte nach dem Tod ihres Ehemannes alleine, verrichtete ihren Haushalt selbstständig und nahm noch regelmäßig an einer Damengymnastikgruppe teil.

Am Mittwoch den 2. Dezember 1998 bemerkte sie mit 89 Jahren erstmals stärkere Schmerzen im Bauch, und sie wurde am gleichen Tag von ihrem Internisten ohne besonderes Ergebnis untersucht. 2 Tage später verstärkten sich die Bauchschmerzen erneut, sodass sie zum Einschlafen abends ein Benzodiazepin-Präparat einnahm. Am Sonntag, den 6. Dezember, verstärkten sich die Bauchschmerzen und machten auf Drängen der Tochter eine notfallmäßige Untersuchung im Ortskrankenhaus nötig. Dort wurde nach einer Blut- und

Ultraschalldiagnostik von dem internistischen Notfallarzt ein akuter Bauch unklarer Genese vermutet und eine chirurgische Mitbehandlung angeraten.

Es erfolgte Sonntagmittags der Krankentransport in die 25 Kilometer entfernt liegende Chirurgische Klinik einer Großstadt. Während Frau J ihr Nachtschränkchen und den Kleiderschrank alleine einräumte, kamen Schwiegertochter und Sohn angereist. Der Sohn konnte ihr noch beim Einräumen helfen und sie bei der ärztlichen Untersuchung begleiten. Der Chefarzt der Chirurgischen Klinik machte sich ein klinisches Bild und klärte die Patientin in Anwesenheit des Sohnes darüber auf, dass die Ursache für den akuten Bauch unklar sei und man an einer Operation zur Abklärung nicht vorbeikomme. Je nach dem Ergebnis würde man zum Beispiel bei Auffinden eines Tumors diesen operieren. Dem Vorgehen stimmte Frau J. zu.

Nach Ablauf von 2 Stunden wurde der Sohn von dem Operateur im Stehen darüber aufgeklärt, dass bei der Operation ein schwer durchblutungs-gestörter Darm vorgefunden wurde, sodass eine Resektion wegen der infaus-ten Prognose nicht mehr infrage kam. In der Chirurgie und Anästhesie werde in solchen prognostisch infausten Fällen so verfahren, dass man die Patienten intubiert und beatmet in Narkose lasse, sodass sie schmerzfrei seien. Die ent-stehenden Nekrosen des Darmes verursachten im Körper dann eine innere Vergiftung und dies führe innerhalb von 24 bis spätestens 48 Stunden zum Tode.

Sohn und Tochter ebenso wie deren beide Partner waren entsetzt über den beschriebenen Ablauf. Der Sohn war als Mediziner besonders betroffen, da er mit der Mutter vor der Operation mit keinem Satz über Möglichkeiten einer infausten todbringenden Erkrankung gesprochen hatte. Er fühlte sich schäbig in seinem Verhalten, wollte seine Mutter nochmals sprechen, ihr alles erklären, sich verabschieden und was auch immer …

Beim Besuch der gerade operierten Mutter auf der Intensivstation war ein Kontakt nicht möglich. Der Sohn bat weinend das Pflegepersonal, ob man nicht die Mutter nochmals für ein paar Minuten wach werden lassen könne, um mit ihr zu sprechen.

Nach telefonischer Rücksprache mit dem Chefarzt wurde dem Wunsch in der Weise stattgegeben, dass man das Narkosemittel in der Dosis zurückfuhr. Jetzt wurde die Mutter und Patientin langsam wach, aber sie konnte mit dem Tubus im Mund, der ihr freie Atemwege garantierte, nicht sprechen.

Die Patientin erkannte ihre Kinder, sie verneinte, dass sie Schmerzen im Bauch habe und die Kinder sagten der Mutter, dass sie zum Schutz vor Schmerzen wieder in Narkose versetzt werde. Mehr als eine Information, dass der Chirurg keinen Tumor im Bauch gefunden habe und die Ursache der Schmerzen durch Durchblutungsstörungen im Darm bedingt seien, erfolg-ten nicht. Insbesondere der Sohn traute sich nicht zu weiteren Erläuterungen, da die Mutter durch den Tubus sprachlich, aber auch psychisch für ihn wie gefesselt wirkte. Er bat daher nach wenigen Minuten wieder darum, die Dauernarkose wie vorgeschlagen wieder fortzusetzen, was dann auch geschah.

Die Patientin ist innerhalb der nächsten 36 Stunden verstorben.

Hier wurde das ethische Problem der Kinder beim Umgang mit der beatmeten frisch operierten Mutter und der erstmals gehörten infausten Prognose nicht erkannt oder nicht verbalisiert. Auch wurde nach dem Eindruck des Sohnes dem *Recht des Patienten auf Selbstbestimmung* nach umfassender Aufklärung weder vor noch nach der Operation nachgekommen.

Heutzutage würde man in solch einem Fall ein *Recht auf eine persönliche oder telemedizinische Ethikberatung* fordern, da alleine die Pseudokommunikation zwischen intubierter wach werdender Mutter und den beiden Kindern höchst belastend für alle Seiten war.

Hintergrundinformation

Eine moderne *Ethikberatung* hätte zum einen möglichst in Anwesenheit des Chirurgen und der 4 Angehörigen besprochen, worüber die Patientin vor der Operation aufgeklärt worden war und ob auch ihr Einverständnis einer „Dauernarkose" eingeholt wurde, wenn nach Eröffnung des Bauchraumes eine infauste Prognose festgestellt würde.

Zum zweiten wäre ethisch hinterfragt worden, ob es dem Wunsch der Patientin entsprach, aus der postoperativen Narkose ohne bzw. mit Tubus wieder wach zu werden, um dann den aktuellen, infausten Sachverhalt zu erfahren und dem vorgeschlagenen Prozedere zuzustimmen. In einem solchen Falle hätten Chirurg und Ethiker die Möglichkeiten der Therapiebegrenzung bis hin zum Therapieabbruch – im vermuteten Interesse des Patienten – erläutert (Jörg 2018).

Zum dritten wäre die Sinnhaftigkeit des gewünschten postoperativen Gesprächs zwischen Mutter und Kindern nach Narkosemittelreduktion, aber Beibehaltung des Tubus angesprochen worden. Dabei wären primär die vermuteten Wünsche der Patientin und erst sekundär die der Angehörigen gewichtet worden.

Letztendlich bleibt es offen, ob im Jahre 1998 die Entscheidung gefallen wäre, der Patientin nach Reduktion der Narkosemittel und nach Ziehen des Tubus die Möglichkeit zu geben, mit ihren Kindern zu sprechen und eine Aufklärung über die infauste Diagnose und das geplante Prozedere zu bekommen.

Digitale Ethik bedeutet Respekt vor den Daten des Einzelnen und das Recht auf Selbstbestimmung bei der Zusammenstellung der eigenen sozialen Daten durch Unbefugte. Heute besteht aber noch nicht mal das Recht auf Kopie seiner sozialen Daten.

Zur Medizinethik gehört immer auch die Datenethik, damit der Datenschutz und die informationelle Selbstbestimmung gewahrt bleiben (Müller und Samerski 2016). Mit dem *Recht auf informationelle Selbstbestimmung* wird das Recht des Einzelnen verstanden, grundsätzlich selbst über die Preisgabe und Verwendung seiner personenbezogenen Daten zu bestimmen (Art. 2 Abs. 1 GG i. V. m. Art. 1 Abs. 1 GG).

Es darf weder einen gläsernen Patienten oder Versicherten geben noch eine digitale Technologie ohne informationelle Einwilligung zur Datensammlung sowie zur Datenweitergabe. Eigentümer der Daten müssen die Patienten selbst bleiben.

Diese so selbstverständlich klingende Forderung sehen viele Plattformaktivisten ganz anders. Beispielsweise stellen die Google-Leute das Recht auf Information über alle anderen Rechte; Datenschutz und Urheberrecht haben nach ihrer Meinung immer hinter dem Recht der Öffentlichkeit auf Information zurückzustehen (Keese 2016).

Zur digitalen Ethik gehört auch die Kontrolle über die Algorithmen bei der KI. Da keine KI neutral sein kann, hat der Digitalverband Bitkom eine Empfehlung für den verantwortlichen Einsatz von KI und automatisierten Entscheidungen formuliert (siehe http://daebl.de/WV87).

5.4 Gesellschaftspolitische Notwendigkeiten

Der Mensch ist nach Meinung von Frank Schirrmacher (2009, S. 102) eine „statistische Datenmenge, die bei genügender Dichte nicht nur Rückschlüsse über sein bisheriges, sondern auch über sein zukünftiges Verhalten ermöglicht". Zahlreiche Wirtschafts- und Sozialwissenschaftler fordern daher für alle persönlichen Daten, die über uns gesammelt werden, ein *Recht auf Kopie* (Helbing et al. 2016). Per Gesetz wäre festzulegen, dass „diese Kopie in einem standardisierten Format automatisch an eine persönliche Datenmailbox gesandt wird". Helbing et al. fordern, dass eine unautorisierte Verwendung der persönlichen Daten unter Strafe gestellt werden muss. Es wäre gut, wenn ein Ehrenkodex als eine Art hippokratischer Eid für IT-Experten zu dem Recht auf Kopie ebenso wie zum Recht auf Anonymität im Internet verpflichten würde.

Andreas Weigend (2017), früher oberster Datenwissenschaftler bei Amazon, forderte 2014 darüber hinaus, dass wir als Internetnutzer im Tausch gegen unsere Rohdaten „einen Platz an den Kontrollpunkten der Raffinerien" verlangen sollten. Er hält es für zwingend nötig, dass die Internetnutzer die Macht über ihre sozialen Daten zurückerobern müssen. Mit den *sozialen Daten* sind alle Daten über uns Nutzer gemeint, soweit sie unser Verhalten, unsere Interessen, Beziehungen, Werthaltungen oder Hobbys betreffen (Heuser 2017).

Dieses *Recht am Dateneigentum* bedeutet mehr als das Recht auf Kopie. Es beinhaltet zum einen die Forderung zu wissen, was die einzelnen Unternehmen von uns gesammelt haben und was sie mit diesem Wissen unternehmen. Zum zweiten betont es das *Recht auf Selbstbestimmung bei der Auswahl sozialer, also auch medizinischer Daten* sowie das Verbot der Datenanalyse durch Unbefugte.

Mitbestimmung, wenn schon nicht Selbstbestimmung über die eigenen sozialen Daten, würde bedeuten, dass bestimmte Daten von uns unkenntlich gemacht werden dürften, wenn wir zum Beispiel nicht wollen, dass unsere Religion, Beruf, Körpergewicht, unser Eigentum, Name der Ehefrau etc. genannt werden.

Unabhängig von der Art des bestehenden Gesundheitssystems gilt es die individuelle ärztliche Empathie und persönliche Präsenz auch dann zu bewahren, wenn man elektronische, also digitale Kommunikationsformen in der Diagnostik und Therapie einsetzt. Jede Form von Digitalisierung, Robotermedizin oder Telemedizin ersetzen nicht die *persönliche Arzt-Patienten-Beziehung*, sondern sie stellen sie in unterversorgten Regionen bzw. im häuslichen Bereich sogar erst sicher (Maak 2018).

Technisierung und Digitalisierung sollen das Selbstverständnis des modernen Arztes nicht gefährden, sondern erhöhen. Immer sind daher Nutzen und Nachteile bei der Ausbreitung der Digitalisierung in der Medizin abzuwägen. Die mögliche elektronische *Überwachung am Arbeitsplatz* darf zur Steigerung der Effizienz wenn überhaupt nur zeitweise zum Einsatz kommen, da die individuelle permanente Überwachung durch die digitalisierte Medizinwelt inhuman ist. Online sein darf nicht mit „elektronischer Leine" verwechselt werden, sonst wären wir tatsächlich mit der Digitalisierung „auf den Hund gekommen".

Der Stand der derzeitigen Digitalisierung in deutschen Kliniken ist bei privaten Trägern oft weiter fortgeschritten als bei karitativen oder staatlichen Trägern. Dies mag mit der Erwartung auf größeren Gewinn verbunden sein, kann aber auch an der Verpflichtung des Trägers liegen, für eine größtmögliche Qualität in der Versorgung Sorge zu tragen. In jedem Fall kann durch dauernde Ausweitung der Digitalisierung der Druck zur Überökonomisierung zu groß werden. In diesem Falle könnte der Gesetzgeber prophylaktisch dafür sorgen, dass staatliche und karitative Träger gemeinsam als Gegengewicht vor zu viel Digitalisierung und Ökonomisierung immer die zahlenmäßige Überhand (>50 Prozent) gegenüber den privaten Klinikträgern behalten.

Die digitalisierte Technologie ist in unserem Gesundheitswesen so einzusetzen, dass alle ärztlich-ethischen Grundwerte angewandt und so auch für eine umfassende, ausgewogene Aufklärung gesorgt wird. Unter dieser Voraussetzung haben die Berufsverbände die Pflicht, schnellstmöglich jede Art telemedizinische Leistung als ärztliche Leistung anzuerkennen und in die GOÄ aufzunehmen. Jeder Arzt fördert im Rahmen seiner Aufklärungs- und Fortbildungspflicht sowohl die eigene digitale Mündigkeit als auch die seiner Patienten. Dabei sollten sich alle Akteure im Gesundheitswesen immer der digitalen Ethik verpflichtet fühlen.

Literatur

Ada Digital Health Ltd (2018) Ada Health. https://ada.com

Altmeyer M (2016) Aufmerksamkeit, bitte! Der Spiegel 22:132–133

Boos C (2017) Zeit zum Träumen. Welt am Sonntag, 25. Juni, 26, S 6

Brauck M (2015) Amazons Roboter. Wie in der digitalen Arbeitswelt Leistungsdenken ins Unmenschliche kippt. Der Spiegel 35:6

Broy M, Precht RD (2017) Daten essen Seelen auf. Die Digitalisierung wird zur vierten industriellen Revolution. Die Zeit, 26. Januar, S 8

Burwig O (2017) Wenn Maschinen Menschen ersetzen. Rheinische Post, 4. September, S A2

Döpfner M (2016) Zitat aus C. Keese: Silicon Valley. Penguin, München, S 189

Döpfner M (2017) Eins oder Null! Welt am Sonntag, 25. Juni, 26, S 3

Droll S (2018) Jedem Arzt ein Assistent. Apotheken Umschau, S 20–21

Dworschak M (2016) Lotterie des Sterbens. Der Spiegel 4:104–106

Eggers D (2014) Der Circle. Kiepenheuer & Witsch, Köln

Hahn CH (2018) Krankenpfleger, geht studieren. F.A.S., 25. Februar, 8, 24

Halbe B (2017) Delegation – Chancen und Grenzen. Dtsch Ärztebl 114(15):C626–627

Harari YN (2017) Homo Deus. Eine Geschichte von Morgen, 12. Aufl. Beck, München

Helbing D, Frey BS, Gigerenzer G et al (2016) Digital-Manifest (II) Eine Strategie für das digitale Zeitalter. Spektrum Wissensch 1:59–60

Heller P (2017) Von der Kunst, Briefe zuzustellen. F.A.S., 15. Oktober, S 62

Heuser UJ (2017) Wie wir wieder mündig werden. Die Zeit 31, S 25

Hill S (2017) „You're fired". Die Zeit 8, S 10–11

Höttges T (2015) Der Unterschied zwischen Menschen und Computer wird in Kürze aufgehoben sein (Interview). Die Zeit 1, S 13–15

Jörg J (2015) Berufsethos kontra Ökonomie: Haben wir in der Medizin zu viel Ökonomie und zu wenig Ethik?. Springer, Heidelberg

Jörg J (2017) Neurologie gestern – heute – morgen: klinische Arbeit, wirtschaftliche Rahmenbedingungen, technische Entwicklungen. Referat auf dem 30. Wuppertaler Neurologie-Symposium am 8. Juli 2017 in Wuppertal

Jörg J (2018) Alter und Intensivmedizin: Ist alles geboten, was medizinisch möglich ist? Kap. II-3.2. In: Eckart J, Forst H, Briegel J (Hrsg) Handbuch Intensivmedizin, 2. Aufl. ecomed Medizin, Landsberg, S 1–16

Jörg J, Wilhelm H-H (1985) Praxis neurologischer Sprach- und Sprechstörungen. Gustav Fischer, Stuttgart (mit Tonträger)

Keese C (2016) Silicon Valley. Was aus dem mächtigsten Tal der Welt auf uns zukommt. Penguin, München

Kuhn S (2018) Medizin im digitalen Zeitalter. Transformation durch Bildung. Dtsch Ärztebl 115(14):C552–555

Ladurner U (2018) Die Freiheitskämpferin. Die Zeit, 19. April, 17, S 34

Litsch M (2018) Interview in Rheinische Post, 29. März, S B1

Maak N (2018) Nie mehr allein. F.A.S., 2, S 45

Meckel M (2017) Mensch-Maschine. DUB Unternehmer-Magazin, S 35

Merz S, Bruni T, Bondio MG (2018) Diagnose-Apps. Dtsch Ärztebl 115(12):C454–456

Müller H, Samerski S (2016) Eine Datenethik ist unabdingbar. Dtsch Ärztebl 113:C1468

Richter-Kuhlmann E (2017) Big Data. Datengeber im Mittelpunkt. Dtsch Ärztebl 114(49):C1895

Schirrmacher F (2009) Payback. Blessing, München

Schnabel U (2018) Wenn die Maschinen immer klüger werden. Die Zeit, 28. März, 14, S 37–39

Smith B (2018) Interview. In: Budras C: Daten können sexistisch sein. F.A.S., 4, S 21

Vicari J (2017) Alles über Nummer 2812. F.A.S., 30. April, 17, S 61

Weigend A (2017) Data for the People. Murmann, Hamburg

Weissenberger-Eibl MA (2015) Technologien zur Selbstoptimierung. Rotary Magazin 9:36–39

Wilms C (2017) Operation Roboter. F.A.Z., 12./13. August, 186, S C3

Sachwortverzeichnis

© Springer-Verlag GmbH Deutschland, ein Teil von Springer Nature 2018
␣. Jörg, *Digitalisierung in der Medizin*,
https://doi.org/10.1007/978-3-662-57759-2

Printed in the United States
By Bookmasters